KB002835

쉽게 배우는
PCB Artwork

OrCAD Ver 16.6

홍춘선 지음

光 文 閣
www.kwangmoonkag.co.kr

머리말

교재의 제목을 어떻게 지을까 고민하다가 예전에 PADS Software를 사용하여 PCB 설계에 입문할 수 있도록 집필할 때 사용했던 제목인 《따라 하면서 익히는 PCB 설계 실무》라고 할까 하다가 조금 더 쉽게 다가갈 수 있도록 하는 것이 좋다고 생각되어 《쉽게 배우는 PCB Artwork OrCAD Ver 16.6》으로 정하게 되었다. 사실 PCB 설계를 한다는 것은 어떤 Tool을 사용하여 하는가에 대한 문제이며 본 교재는 OrCAD V16.6을 중심으로 집필되었고, 차분하게 순서에 따라 진행하다 보면 조금씩 PCB 설계에 대한 자신감이 생길 것이다. 또한, 버전이 낮거나 높은 Software를 사용하는 경우라도 이 교재를 활용하게 되면 다소의 메뉴에 대한 차이만 있을 뿐 PCB 설계의 목적을 달성하는 것에는 무리가 없을 것이라고 본다.

본 교재의 특징은 Tool 자체 메뉴 중심의 사용법에 대한 무게보다는 양면 기판과 4-Layer 기판 설계용 회로를 가지고 따라 하면서 Tool을 저절로 익힐 수 있도록 한 것이다. 처음에는 기본적인 회로를 가지고 Tool 자체에서 제공되는 Library를 사용하여 무작정 따라 하면서 양면 PCB 설계에 대해 흥미를 가지도록 하였으며, 처음보다는 난이도가 있는 과제를 가지고 4-Layer PCB 설계를 하는 과정에서 학습자가 직접 데이터 시트 등을 확보할 수 있는 능력과 이를 활용하여 회로도용 심벌이나 PCB용 부품 등을 만들어 갈 수 있는 능력을 갖출 수 있도록 하였다. 물론 그 과정에서 어떻게 데이터 시트를 활용하고 있는가에 대한 자세한 설명도 함께 들어 있기 때문에 이해를 돕는 데 많은 도움이 되리라 본다. 또한, 교재의 뒷부분 부록에서는 본 교재에서 4-Layer 설계에 사용된 회로도에 대한 자세한 동작 설명이 되어 있어 단순히 PCB 설계만 하기보다는 회로에 대한 이해를 통해 과제 수행을 하게 되면 한층 효율적이고 재미있는 일이 될 것이다. 또한, 부품에 대한 정보를 파악하는 데 도움이 되는 자료인 데이터 시트 및 부품 확보 등을 할 수 있는 사이트를 적어 놓았으니 참고하기 바란다.

또한, 이 교재는 우선적으로 PCB용 Tool을 처음으로 접한 초보 학습자나 설계자에게 정말 소중하게 사용될 것이며, PCB 설계 입문 후 어느 정도 PCB 설계를 하고 있는 설계자에게도 PCB 설계에 대한 개념을 확고하게 하는 데 쓰이길 바란다. 끝으로 이 책이 나오기까지 애써 주신 광문각출판사 박정태 회장님과 임직원 여러분께 감사를 드린다.

2018년 2월
저자 씀

목차

PART 04 · PCB 설계(양면 기판)

PART 05 · PCB 설계(양면 기판)

PART 06 · 99진 계수기 회로(4-Layer)

PART 07 · Part 만들기(PCB Symbol)

PART 08 · PCB 설계(4-Layer)

PART 09 · Gerber Data 생성

PART 10 · Transistor Part 만들기(PCB Symbol)

PART 11 · 병렬 4비트 가산기 회로(양면 기판)

PART 12 · PCB 설계

부록

쉽게 배우는 PCB Artwork OrCAD Ver 16.6

일반적인 PCB 설계 절차

일반적인 PCB 설계 절차

일반적으로 PCB를 설계한다는 것은 PCB를 설계하는 부서에서만 할 수 있는 것은 아니고, 설계할 PCB가 궁극적으로 어떤 제품에 사용되는가에 대한 문제이므로 해당 제품에 관련된 부서의 구성원들과 충분한 사전 협의가 이루어져야 한다. 그렇게 함으로써 기판의 크기, 재질, 기판에 사용될 부품의 높이 등 여러 가지 부분을 결정하게 된다. 그 이후 회로설계 부서로부터 회로도가 오면 본격적으로 PCB 설계 단계에 접어들게 된다.

CAD 소프트웨어를 사용하여 검증된 회로도를 정확하게 그리는 과정이 그렇게 간단한 것은 아니다. 완성된 회로도를 이용하여 결국 레이아웃을 위한 Netlist를 추출하고 그 Netlist를 이용하여 레이아웃을 완성하게 된다. 물론 레이아웃 과정은 회로도를 그리는 과정보다 더욱 복잡하기 때문에 세심하게 작업을 해야 한다. 레이아웃이 완성되면 PCB 제작을 위한 Gerber Data를 추출하여 검토한 후에 이상이 없으면 PCB 제작 업체에 의뢰하여 샘플 PCB를 제작한다. 회로도를 그리는 과정이나 레이아웃을 하는 과정에 여러 절차가 있어 어려움을 느낄 수 있지만 본 교재는 초보자라도 순서에 맞게 따라 하다 보면 어느 덧 Gerber Data를 확인해 볼 수 있는 능력을 갖도록 구성되어 있으며 회로 동작이 어떻게 이루어지는지에 대하여도 간단한 회로

지식만 있으면 이해하는 데 문제가 없을 것으로 생각된다. 또한, PCB 설계를 위해 매우 중요하게 다루어야 할 전자파 대책 및 해결 문제 등은 본 교재의 집필 의도와는 거리가 있으므로 기회가 되면 나중에 다루도록 한다.

일반적으로는 회로도를 그리기 위해서는 회로도용 심벌(Part)을 직접 만들거나 또는 해당 소프트웨어에서 제공해 주는 심벌을 이용하기도 하지만, 본 교재는 처음에는 기본적으로 제공되는 Library를 사용하여 진행하고 그 후 PCB 설계자가 직접 회로도나 레이아웃을 위한 심벌들을 만들 수 있도록 구성하였다. 현장에서는 일반적으로 회로도용 심벌의 경우 해당 소프트에어에서 제공해 주는 심벌을 대부분 사용하고 예외의 심벌 등만 직접 그려서 사용한다. 레이아웃의 경우도 회로도의 경우와 마찬가지이긴 하지만 일반적으로 사용하는 부품보다 고유한 부품 등을 사용하는 경우가 많기 때문에 직접 부품을 그려서 사용하는 경우가 많으므로 OrCAD를 사용하여 설계하는 사람은 반드시 Footprint를 만들어 사용할 수 있어야 할 것이다.

PART

02

쉽게 배우는 PCB Artwork OrCAD Ver 16.6

프로그램 시작 및 종료

- ▶ OrCAD Capture의 시작 및 종료
- ▶ OrCAD PCB Editor의 시작 및 종료
- ▶ 회로도 설계 과정 Over View
- ▶ 단위 체계
- ▶ 새로운 프로젝트 시작

2.1 OrCAD Capture의 시작 및 종료

① 프로그램이 설치되어 있는 컴퓨터를 기동한 후 OrCAD Capture를 시작하기 위하여 바탕화면에 아래 그림의 왼쪽에 있는 Icon이 있을 경우 해당 Icon을 더블클릭하거나 바탕화면에 해당 Icon이 보이지 않을 경우에는 화면 아래의 맨 왼쪽에 있는 시작 메뉴를 누른 후 그 위에 있는 모든 프로그램 메뉴를 선택한 후 아래 그림의 오른쪽과 같은 경로를 찾아들어가 해당 프로그램을 실행한다.

※ 프로그램 설치 위치 〉〉 C:\Cadence\SPB_16.6\tools\capture\Capture.exe

OrCAD Capture Icon

② 위에서 해당 프로그램을 실행하면 아래 그램과 같이 초기 화면이 나타난다.

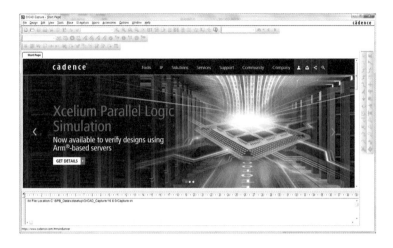

③ 아래 그림과 같이 초기 화면의 왼쪽 윗부분에 있는 Start Page 위에서 마우스 오른쪽 버튼(RMB)을 눌러 Close를 선택하여 Start Page를 닫는다.

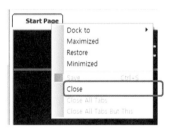

④ 위의 과정이 진행되면 아래 그림과 같이 OrCAD Capture를 시작할 수 있는 상태로 된다.

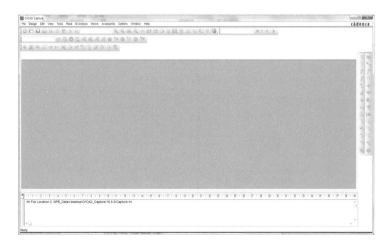

⑤ 아래 그림과 같이 위의 화면 왼쪽 부분에 있는 File 메뉴를 열어 Exit를 선택하면 OrCAD Capture를 종료하게 된다.

지금까지는 OrCAD Capture를 시작한 후 아무 작업을 하지 않은 상태로 단순히 프로그램을 종료하는 것까지 설명하였으며 OrCAD Capture 사용법에 대한 보충 설명은 뒷부분에서 다루기로 한다.

2.2 OrCAD PCB Editor의 시작 및 종료

① 프로그램이 설치되어 있는 컴퓨터를 기동한 후 OrCAD PCB Editor를 시작하기 위하여 바탕화면에 다음 그림의 왼쪽에 있는 Icon이 있을 경우 해당 Icon을 더블클릭하거나 바탕화면에 해당 Icon이 보이지 않을 경우에는 화면 아래의 맨 왼쪽에 있는 시작 메뉴를 누른 후 그 위에 있는 모든 프로그램 메뉴를 선택한 후 다음 그림의 오른쪽과 같은 경로를 찾아들어가 해당 프로그램을 실행한다.

※ 프로그램 설치 위치 〉〉 C:\Cadence\SPB_16.6\tools\pcb\bin\allegro.exe

OrCAD PCB Editor
Icon

② 위에서 해당 프로그램을 실행하면 아래 그림과 같이 OrCAD PCB Editor를 시
작할 수 있는 상태로 된다. (실제로 나타나는 작업 창은 배경색이 검정이지만
편의상 배경색을 흰색으로 하였으니 참고하기 바란다. 배경색 지정 등에 관한
사항은 뒷부분에서 다루기로 한다.)

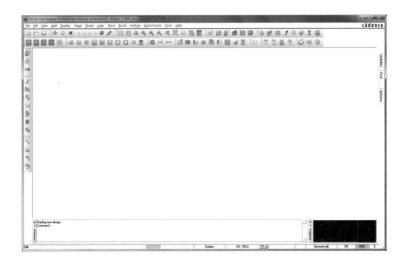

③ 아래 그림과 같이 위의 화면 왼쪽 부분에 있는 File 메뉴를 열어 Exit를 선택하면 OrCAD PCB Editor를 종료하게 된다.

지금까지는 OrCAD PCB Editor를 시작한 후 아무 작업을 하지 않은 상태로 단순히 프로그램을 종료하는 것까지 설명하였으며 OrCAD PCB Editor 사용법에 대한 보충 설명은 뒷부분에서 다루기로 한다.

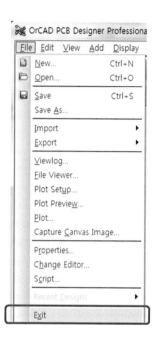

PART

03

쉽게 배우는 PCB Artwork OrCAD Ver 16.6

TR형 단안정
멀티바이브레이터 회로(양면 기판)

▶ 회로도 설계 과정 Over View

▶ 단위 체계

▶ 회로도

▶ 새로운 프로젝트 시작

▶ 환경 설정

▶ 회로도 작성

▶ PCB Editor 사용 전 작업

3.1 회로도 설계 과정 Over View

회로도를 설계하는 과정에 대하여 아래 그림을 참조하자.

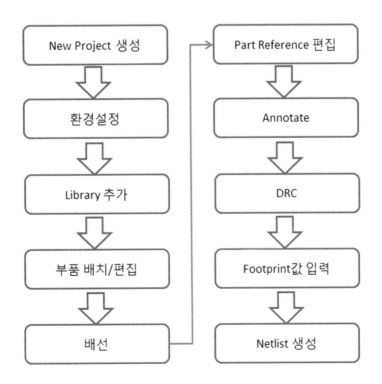

3.2 단위 체계

PCB 설계에 사용되는 단위는 Inch, mm, mil 등이 있고 단위 상호 간에는 아래와 같은 관계가 있으니 반드시 숙지하도록 한다.

1 Inch = 25.4 mm = 1,000 mil

일반적으로 PCB를 설계하는 사람이나 회사에 따라 선호하는 단위가 있으니 참고하기 바라며, 공부하는 단계에서 벗어나 현업에 종사하게 되면 그곳의 입장에 맞게 단위를 사용하게 될 것이므로 앞서 기술했듯이 단위 상호 간의 관계를 알고 있는 것이 중요하다고 할 수 있다. 본 교재에서는 mil 단위를 주로 사용하고 있다.

3.3 회로도

이번에 따라 하면서 진행할 회로도는 아래와 같으며 순서에 따라 진행하도록 한다.

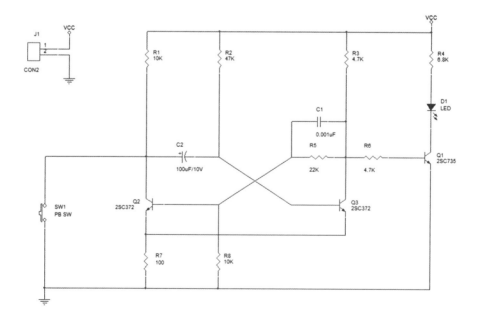

3.4 새로운 프로젝트 시작

① OrCAD Capture를 실행하여 초기 화면 상태로 들어간다.

② 아래 그림과 같이 File→New→Project...를 선택한다.

③ 아래 그림과 같이 New Project 창이 나타나면 Name란에 "monostable_mv"라고 입력하고, Create a New Project Using에는 4가지 중 하나를 선택하게 되는데 이 작업에서는 Schematic을 선택한다. 그리고 작성된 Project를 저장하기 위하여 아래 그림에서 Browse... 버튼을 클릭한다.

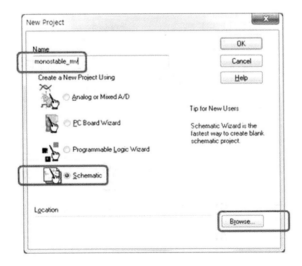

Name

Specify the name of the new project.

Analog or Mixed-Signal Circuit Wizard

Target your project as an analog or mixed-signal design. The Project Wizard will help you configure libraries based for your project.

PC Board Wizard

Target your project as a PCB design. The PCB Wizard will help you configure libraries for your project.

Programmable Logic Wizard

Target your project as a CPLD or FPGA design. The Project Wizard will help you configure libraries based on the vendor you choose to target.

Schematic

Create a project not specifically targeted for PCBs, CPLDs, or FPGAs.

Location

Specify the location of the new project.

④ 아래 그림과 같이 Select Directory 창이 나오게 되는데 설계자의 시스템 환경에 맞게 저장 장소를 선택할 수 있지만, 여기에서는 d 드라이브에 새로운 Directory(폴더)를 만들어 보도록 한다.

⑤ 위의 창에서 Directories: 아래의 탐색기에서 d:\를 더블클릭하여 d 드라이브가 지정된 것을 확인한 후 Create Dir... 버튼을 클릭한다.

⑥ 아래 그림과 같이 Create Directory 창이 나오면 Current Directory: d:\를 다시 확인한 후 Name란에 "project01"이라고 입력한 후 OK 버튼을 클릭한다.

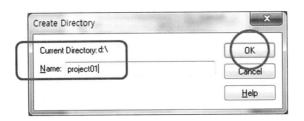

※ 주의: 경로명이나 파일명은 반드시 영문으로 지정하도록 한다. 한글명이 들어 있을 때는 Netlist 생성 등 작업 중에 오류가 발생한다.

⑦ 아래 그림과 같이 Select Directory 창의 탐색기에 생성된 project01 Directory를 확인한 다음 해당 Directory를 더블클릭하여 경로가 d:\project01로 된 것을 다시 확인한 후 OK 버튼을 클릭한다.

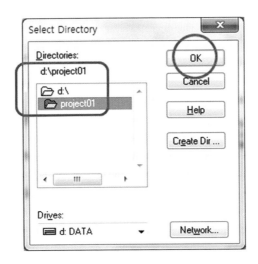

⑧ 다음 그림과 같이 처음의 New Project 창으로 오게 되는데 Location란에 위에서 지정한 경로 설정이 된 것을 확인한 후 OK 버튼을 클릭한다.

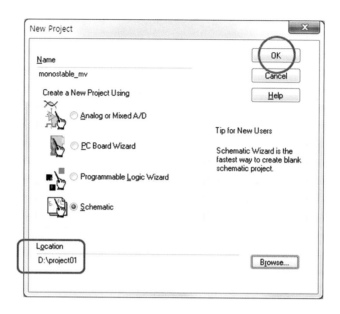

⑨ 아래 그림과 같이 위에서 지정한 Project Manager와 회로도 작성을 위한 Page1
이 기본 화면에 추가되어 나타나게 된다.

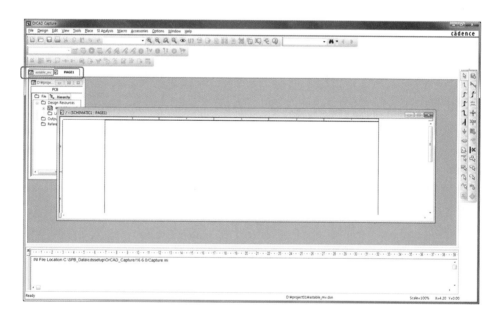

⑩ Project Manager로 이동하여 다음 그림과 같이 탐색기를 열어보면 PAGE1이 보
이는데 이것이 회로도를 설계하는 페이지이다.

⑪ 아래 그림의 PAGE1 이름이 있는 창의 위쪽 적당한 곳을 더블클릭한다.

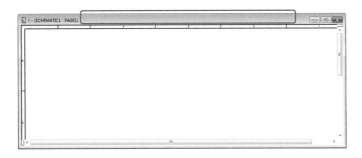

⑫ 이제 아래 그림과 같이 회로도만을 그릴 수 있는 환경이 되었다. 작업을 진행
하면서 필요시 Project Manager와 PAGE1을 선택하여 작업할 수 있다.

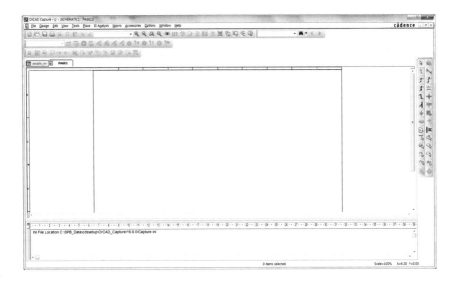

3.5 환경 설정

① 아래 그림과 같이 작업 창의 메뉴에서 Options→Preference...를 선택한다.

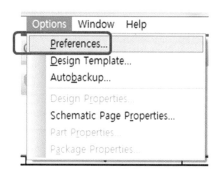

② 아래 그림과 같이 Preference 창이 나타나면 Grid Display Tab을 클릭한 후 Schematic Page Grid쪽의 Grid Style에서 Lines 항목을 선택한 다음 확인 버튼 을 클릭한다.

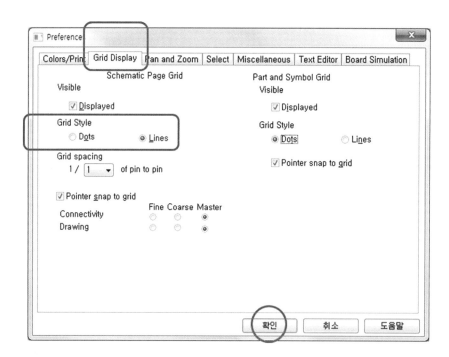

③ 아래 그림과 같이 편집 창의 Grid가 바둑판 모양으로 되어 있는 것을 확인할 수 있다. 이 Grid Style Option은 설계자가 작업 상태에 따라 선택하여 작업할 수 있는 것으로 Dots를 선택한 후 편집 창을 확인해 보도록 한다.

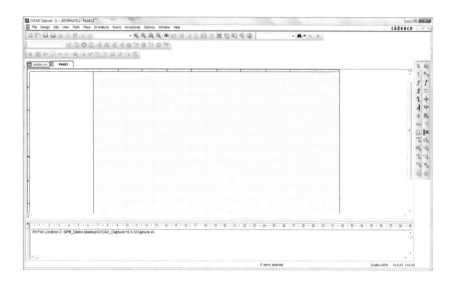

④ 아래 그림과 같이 작업 창의 메뉴에서 Options → Design Template…를 선택한다.

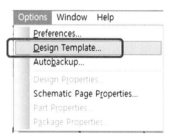

⑤ 다음 그림과 같이 Design Template 창이 나타나면 Page Size를 클릭한 후 Units는 Inches로 New Page Size는 A 항목을 선택한 다음 확인 버튼을 클릭한다. New Page Size는 설계 도면의 상태에 따라 설계자가 맞게 선택할 수 있다. 위에서 선택한 내용은 앞으로 새로운 작업을 하게 될 때 적용되는 것이며 현재 작업에는 적용되지 않으니 참고 바라며, 현재 작업에 바로 적용하기 위해 다음 순서에 따라 진행한다.

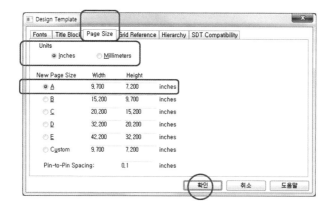

⑥ 아래 그림과 같이 작업 창의 PAGE1이 활성화된 상태(보통의 경우 활성화되어 있지만 Project Manager를 사용하고 있는 경우 등에는 확인이 필요함)에서 메뉴의 Options→Schematic Page Properties...를 선택한다.

⑦ 아래 그림과 같이 Schematic Page Properties 창의 Page Size Tab을 선택한 다음 원하는 Option을 선택한 다음 확인 버튼을 클릭하면 현재 작업 중인 PAGE1에 바로 적용된다.

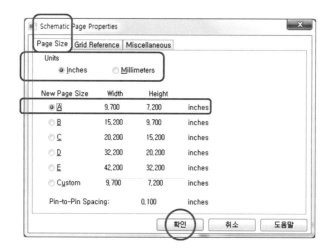

34

3.6 회로도 작성

회로도를 작성하기 위하여 작업 창에서 PAGE1이 활성화되어 있어야 하는데 PAGE1이 없는 경우에는 아래 그림과 같이 Project Manager 창에서 SCHEMATIC1 아래의 PAGE1을 더블클릭하면 되고, PAGE1이 있는 경우에는 창을 클릭하면 된다.

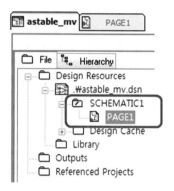

3.6.1 Library 추가

Capture에서 기본적으로 제공하는 Library를 사용하기 위한 것으로 최초에 한 번 만 추가해 놓으면 다음 작업에도 그대로 설정이 유지된다.

①-1 아래 그림과 같이 작업 창의 메뉴에서 Place→Part...를 선택한다.

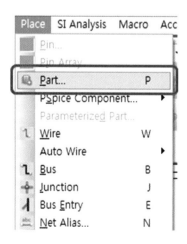

①-2 아래 그림과 같이 툴 팔레트에서 Place Part (P) Icon을 선택해도 된다.

①-3 단축키로 P를 눌러도 된다. (익숙해지면 많이 사용된다.)

②-1 아래 그림과 같이 Place Part 창이 나타나면 중간 부분 Libraries: 있는 곳의 오른쪽으로 마우스를 가져가면 Add Library(Alt+A)라고 나타나는 곳을 클릭한다. (Library가 설치되어 있다면 3.6.2 부품 배치로 넘어간다.)

②-2 단축키로 Alt + A(Alt Key를 누른 채로 A를 눌렀다 뗌)를 눌러도 된다.

③ 아래 그림과 같이 Browse File 창이 나타나면 경로를 참고하여 Library Directory를 지정해 준다.

36

④ 경로 지정이 되면 기본적으로 제공되는 library들이 나타나는데, 아래 그림과 같이 파일들이 있는 곳에서 Ctrl+A를 눌러 전체를 선택한 후 열기 버튼을 클릭한다.

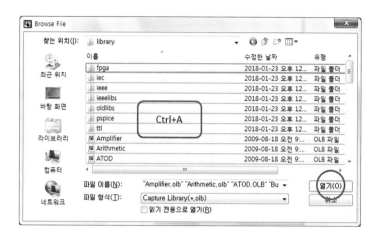

⑤ 아래 그림과 같이 Library가 추가된 것을 볼 수 있다. 이제부터 회로도를 보면서 부품을 배치하는 과정으로 넘어가자.

3.6.2 부품 배치

① 아래 그림과 같이 Place Part 창에서 Libraries: 항목이 모두 선택된 채로 저항을
배치하기 위해 Part 아래 빈칸에 영문자 r(대소문자 구분 없음)을 입력하면 자
동으로 선택되고 아래의 미리보기 창에 Part의 모양을 보여준다.

② r 입력 후 Enter Key를 치면 다음 그림과 같이 마우스 포인터에 저항 Part가 붙
은 채로 편집 창에 나타나게 된다.

③ 회로도를 보며 원하는 곳에 마우스를 클릭하여 배치한다.

④ 저항을 가로로 배치하기 위하여 아래 그림과 같이 마우스 포인터에 저항이 붙
어 있는 상태에서 RMB→Rotate를 선택하면 90도씩 회전하게 되므로 원하는
방향으로 회전한 후 작업한다.

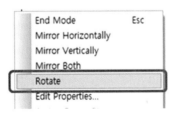

⑤-1 마지막 저항을 배치한 후 아래 그림과 같이 RMB→End Mode를 선택하여 배
치 완료 명령을 한다.

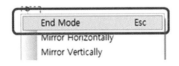

⑤-2 키보드 위쪽의 가장 왼쪽 부분에 있는 Esc Key를 눌러도 된다.

⑥ Transistor를 배치하기 위하여 아래 그림과 같이 Part 아래 빈칸에 영문자 npn ECB(대소문자 구분 없음)을 입력하면 자동으로 선택되고 아래의 미리보기 창에 Part의 모양을 보여준다.

⑦ npn ECB 입력 후 Enter Key를 치면 위에서 저항을 배치했던 것과 같이 마우스 포인터에 Transistor Part가 붙은 채로 편집 창에 나타나게 된다.

⑧ 회로도를 보며 적당한 위치에 맞게 배치한다.

⑨ Transistor의 경우는 아래 그림과 같이 마우스 포인터에 Transistor Part가 붙은 채로 RMB→Mirror Horizontally를 선택하여 X축 대칭을 만들어 배치해야 하는 경우도 있다.

⑩ 마지막 Transistor를 배치한 후 RMB→End Mode를 선택하던가 Esc Key를 눌러 배치 완료 명령을 한다.

⑪ LED를 배치하기 위하여 아래 그림과 같이 Part 아래 빈칸에 영문자 LED(대소문자 구분 없음)를 입력하면 자동으로 선택되고 아래의 미리보기 창에 Part의 모양을 보여준다.

⑫ LED 입력 후 Enter Key를 치면 위에서 저항 등을 배치했던 것과 같이 마우스 포인터에 LED Part가 붙은 채로 편집 창에 나타나게 된다.

⑬ 회로도를 보며 위치에 맞게 배치한다. 이 경우는 마우스 포인터에 LED Part가 붙은 상태에서 RMB→Rotate를 한 후 다시 RMB→Mirror Vertically를 선택하여 배치해야 한다. (원래의 상태에서 90도 회전 후 다시 Y축으로 대칭하는 것이며 물론 90도씩 여러 번 회전하여 원하는 방향이 되었을 때 배치해도 됨)

⑭ LED를 배치한 후 RMB→End Mode를 선택하던가 Esc Key를 눌러 배치 완료 명령을 한다.

⑮ Pushbutton Switch를 배치하기 위하여 아래 그림과 같이 Part 아래 빈칸에 영문자 SW PU(대소문자 구분 없음)를 입력하면 SW PUSHBUTTON이 자동으로 채워지며 선택되고 아래의 미리보기 창에 Part의 모양을 보여준다.

⑯ SW PUSHBUTTON 입력 후 Enter Key를 치면 위에서 저항 등을 배치했던 것과 같이 마우스 포인터에 SW PUSHBUTTON Part가 붙은 채로 편집 창에 나타나게 된다.

⑰ 회로도를 보며 위치에 맞게 배치한다. 이 경우는 마우스 포인터에 SW PUSH-BUTTON Part가 붙은 상태에서 RMB→Rotate를 한 후 배치하면 된다.

⑱ SW PUSHBUTTON을 배치한 후 RMB→End Mode를 선택하던가 Esc Key를 눌러 배치 완료 명령을 한다.

⑲ 2-Pin Connector를 배치하기 위하여 아래 그림과 같이 Part 아래 빈칸에 영문자 CON2(대소문자 구분 없음)를 입력하면 아래의 미리보기 창에 Part의 모양을 보여준다.

⑳ CON2 입력 후 Enter Key를 치면 위에서 저항 등을 배치했던 것과 같이 마우스 포인터에 CON2 Part가 붙은 채로 편집 창에 나타나게 된다.

㉑ 회로도를 보며 위치에 맞게 배치한다. 이 경우는 마우스 포인터에 CON2 Part가 붙은 상태에서 RMB→Mirror Horizontally를 한 후 배치하면 된다.

㉒ CON2를 배치한 후 RMB→End Mode를 선택하던가 Esc Key를 눌러 배치 완료 명령을 한다.

㉓ 전해 콘덴서를 배치하기 위하여 아래 그림과 같이 Part 아래 빈 칸에 영문자 CAP P(대소문자 구분 없음)를 입력하면 CAP POL이 자동으로 채워지며 선택 되고 아래의 미리보기 창에 Part의 모양을 보여준다.

㉔ CAP POL 입력 후 Enter Key를 치면 위에서 저항 등을 배치했던 것과 같이 마우스 포인터에 CAP POL Part가 붙은 채로 편집 창에 나타나게 된다.

㉕ 회로도를 보며 위치에 맞게 배치한다. 이 경우는 마우스 포인터에 CAP POL Part가 붙은 상태에서 RMB→Rotate를 한 후 배치하면 된다.

㉖ CAP POL을 배치한 후 RMB→End Mode를 선택하던가 Esc Key를 눌러 배치 완료 명령을 한다.

㉗ 마지막으로 콘덴서를 배치하기 위하여 아래 그림과 같이 Part 아래 빈 칸에 영 문자 CAP(대소문자 구분 없음)를 입력하고 Space Bar를 누르면 CAP NP가 자 동으로 채워지고 선택되며 아래의 미리보기 창에 Part의 모양을 보여준다.

㉘ CAP NP 입력 후 Enter Key를 치면 위에서 저항 등을 배치했던 것과 같이 마우스 포인터에 CAP NP Part가 붙은 채로 편집 창에 나타나게 된다.

㉙ 회로도를 보며 위치에 맞게 배치한다. 이 경우는 마우스 포인터에 CAP NP Part가 붙은 상태에서 RMB→Rotate를 한 후 배치하면 된다.

㉚ CAP NP을 배치한 후 RMB→End Mode를 선택하던가 Esc Key를 눌러 배치 완료 명령을 한다.

㉛ 모든 부품들이 배치되었으면 배선 작업을 위해 마우스를 클릭하여 부품을 선택한 후 선택된 부품 위에서 마우스 왼쪽 버튼을 누른 채 드래그하면서 균형 있게 재배치한다.

3.6.3 Power/Ground 심벌 배치

필요한 부품들을 배치한 후 회로도에 사용되는 전원 공급을 하기 위해 Power와 Ground 심벌을 배치하여야 한다.

①-1 아래 그림과 같이 작업 창의 메뉴에서 Place→Power...를 선택한다.

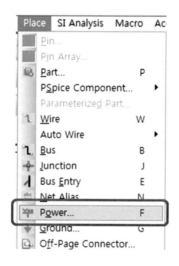

①-2 다음 그림과 같이 툴 팔레트에서 Place Power (F) Icon을 선택해도 된다.

Place power (F)

①-3 단축키로 F를 눌러도 된다. (익숙해지면 많이 사용된다.)

② 아래 그림과 같이 Place Power 창이 나타나면 Symbol란에 VCC를 입력하고 그
아래에서 원하는 심벌을 클릭하여 바로 오른쪽 미리보기 창에서 심벌을 확인
한 후 OK 버튼을 클릭한다.

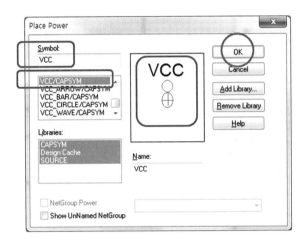

③ 회로도를 보며 적당한 위치에 Power 2개를 배치한 다음 Esc Key를 누른다.

④-1 아래 그림과 같이 작업 창의 메뉴에서 Place→Ground…를 선택한다.

④-2 아래 그림과 같이 툴 팔레트에서 Place Ground (G) Icon을 선택해도 된다.

④-3 단축키로 G를 눌러도 된다. (익숙해지면 많이 사용된다.)

⑤ 아래 그림과 같이 Place Ground 창이 나타나면 Symbol란에 GND를 입력하고 그 아래에서 원하는 심벌을 클릭하여 바로 오른쪽 미리보기 창에서 심벌을 확인한 후 OK 버튼을 클릭한다.

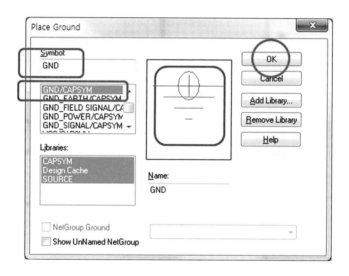

⑥ 회로도를 보며 적당한 위치에 Ground 2개를 배치한 다음 Esc Key를 누른다.

이제 회로도에 있는 모든 부품과 Power, Ground를 모두 배치하였으므로 배선 작업을 시작하자.

3.6.4 배선

①-1 다음 그림과 같이 작업 창의 메뉴에서 Place→Wire...를 선택한다.

①-2 아래 그림과 같이 툴 팔레트에서 Place Wire (W) Icon을 선택해도 된다.

Place wire (W)

①-3 단축키로 W를 눌러도 된다. (익숙해지면 많이 사용된다.)

배선 명령이 수행되면 마우스 포인터가 화살표에서 십자 모양 형태로 변하게 되니 확인하여 보도록 한다. 또한, 배선을 하는 방법은 심벌의 핀 부분에서 마우스를 클릭한 후 꺾이는 부분에서 클릭하는 등 원하는 곳에서 클릭한 후 최종 목적지에서 클릭하여 마무리한다. 배선 작업은 설계자마다 진행하는 방식이 다를 수 있지만 여기서는 필자의 방식에 따라 진행하는 것으로 한다.

② 아래 그림과 같이 Zoom to all Icon을 클릭하여 회로도 전체 보기로 한다.

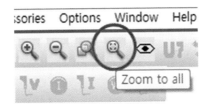

Zoom to all

③ 아래 그림과 같이 Zoom to region Icon을 클릭하여 회로도의 일부분 보기 설정 준비를 한다.

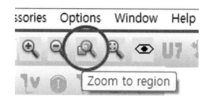

④ 아래 그림과 같이 R1의 왼쪽 위 사각형 부분에서 마우스를 클릭한 후 드래그 종료점으로 표시된 곳까지 드래그하면 사각형으로 표시된 부분만 확대하여 볼 수 있다.

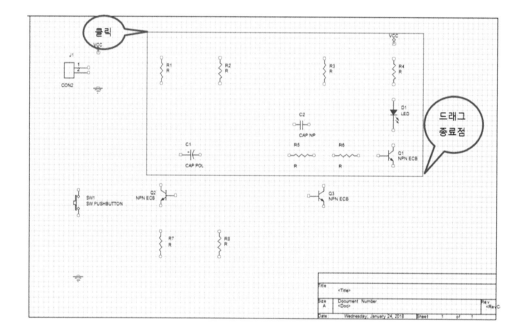

⑤ Esc를 누른 후 배선 명령이 해제되었으므로 영문 W를 눌러 배선 명령을 실행한다.

⑥ 다음 그림의 배선 시작점에서 클릭한 후 배선 방법에 따라 가급적 같은 신호선끼리 연결한다.

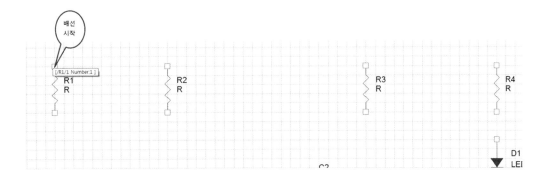

⑦ 위에서 연결한 모습이 아래 그림에 나와 있다.

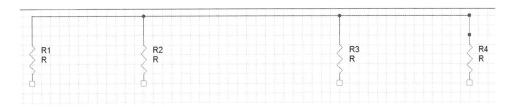

배선의 좋은 예와 좋지 않은 예를 아래 그림에 나타내었다. 좋은 예는 배선을 할 때 부품의 핀에서 적당히 인출한 후 배선을 하는 것이고, 좋지 않은 예는 부품의 핀 끝에서 바로 배선하는 경우이다. 그러므로 배선을 할 때는 좋은 예에 따라 진행하도록 한다.

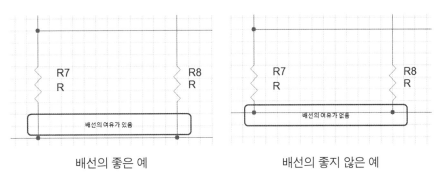

배선의 좋은 예　　　　　　　　　배선의 좋지 않은 예

⑧ 이러한 방법으로 나머지 배선을 진행한다. 그리고 아래 그림과 같이 사선이 있는 경우는 사선이 시작되는 곳에서 Shift Key를 누른 채로 마우스를 클릭하여 배선할 수 있다. (사선 연결의 경우 전기적인 연결은 되어 있지만 접속점은 나타나지 않는다.)

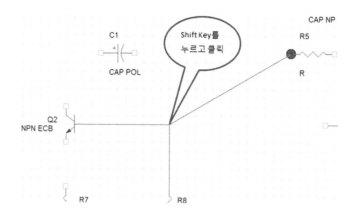

⑨ 아래 그림을 참고하여 전기적인 연결과 접속점(Junction) 여부를 익힌다.

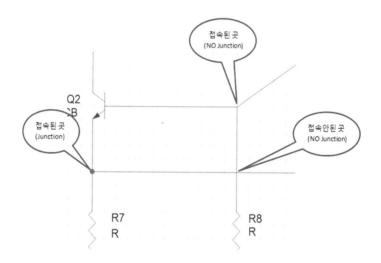

⑩ 최종 배선을 마친 회로도가 아래 그림에 있다.

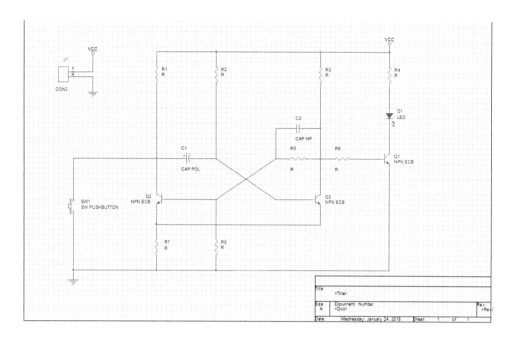

3.6.5 부품값 편집

회로도 배선 작업이 완료되었으므로 각 부품들에 대한 값들을 회로도에 맞게 지정해 주어야 하는 과정이다. 아래 그림에서 R은 초기 부품값(Value)이고 R1은 부품 참조번호(Reference)이다.

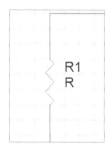

① R을 더블클릭하거나 다음 그림과 같이 R을 클릭한 후 그 위에서 RMB →Edit Properties…를 선택한다.

② 아래 그림과 같이 Display Properties 창이 나타나면 Name: Value인 것을 반드시 확인한 다음 Value: 란에 회로도를 보며 값(10K)를 입력한 다음 OK 버튼을 클릭한다. (간혹 R을 가지고 작업하지 않고 R1을 가지고 작업을 하게 되는 경우가 있는데 R1을 가지고 작업하는 경우 Name: Part Reference라고 표시되므로 반드시 확인 절차가 필요하다.)

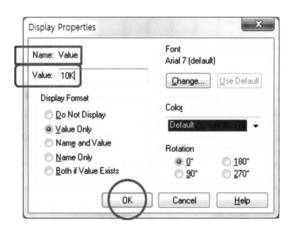

③ 아래 그림에 변경된 값이 적용된 것을 보여주고 있다.

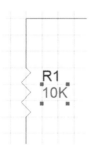

④ 위와 같은 방법으로 LED 등 나머지 부품들에 대하여 부품값을 지정한다.

⑤ 다음 그림은 부품값 지정 후의 회로도이다.

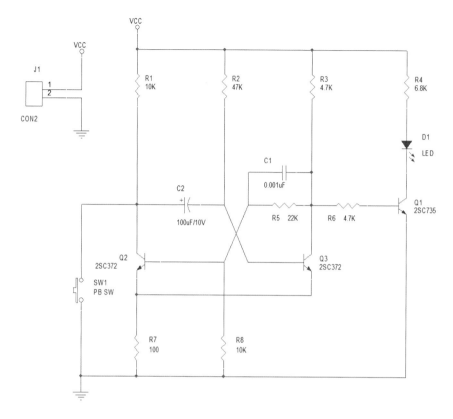

⑥ 작업 창에서 File→Save를 하여 중간저장을 한다.

3.7 PCB Editor 사용 전 작업

3.7.1 PCB Footprint

이 작업은 PCB Editor를 사용하기 위하여 작성한 회로도에 대한 Netlist를 추출해야 하는데 회로도에 있는 각 부품마다 실제 PCB Board 완성 후 실장 될 물리적인 형태의 부품들을 연결시켜 주어야 하는 작업이다. 다음 그림(저항의 경우)을 보고 이해하도록 하자.

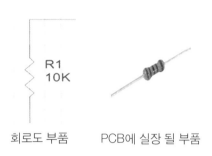

회로도 부품   PCB에 실장 될 부품

아래의 표는 회로도의 각 부품에 대한 Footprint 값을 나타낸 것이다.

순번	Capture Parts	PCB Editor Parts(Footprint)
1	색 저항(R)	RES400
2	전해 콘덴서(CAP POL)	CAP196
3	콘덴서(CAP NP)	CAPCK05
4	트랜지스터(NPN ECB)	TO92
5	푸시 버튼 스위치(SW PUSHBUTTON)	JUMPER2
6	발광 다이오드(LED)	CAP196
7	2핀 콘넥터(CON2)	JUMPER2

① 2핀 콘넥터(CON2) 부품 위에서 더블클릭한다.

② Property Editor 창이 열리면 PCB Footprint 항목을 찾아 다음 그림과 같이 다음 빈칸에 JUMPER2라고 값을 입력한다.

③ 아래 그림과 같이 Property Editor 창 위에서 RMB→Close를 선택하여 창을 닫는다.

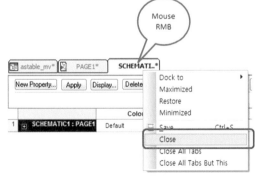

위의 경우는 각 부품에 대하여 한 개씩 입력하는 경우이고, 다음의 경우는 한 번에 전체 창을 열어 놓고 입력하는 것을 진행한다.

④ 아래 그림과 같이 Project Manager 창(원 부분)을 선택한 후 monostable_mv. dsn 위에서 RMB→Edit Object Properties를 선택한다.

⑤ 아래 그림과 같이 Property Editor 창이 열리면 수평 스크롤 바를 오른쪽으로 움직여 PCB Footprint 항목이 보이게 한 후 각 부품에 맞게 값을 입력한 후 창

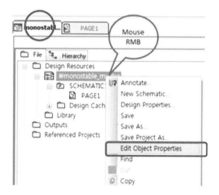

을 닫는다. Footprint 값을 입력할 때는 Part Reference 값을 보고 입력하지 말고 맨 우측의 Value 값을 보고 입력한 후 Tab위에서 RMB→Close를 선택하여 창을 닫는다.

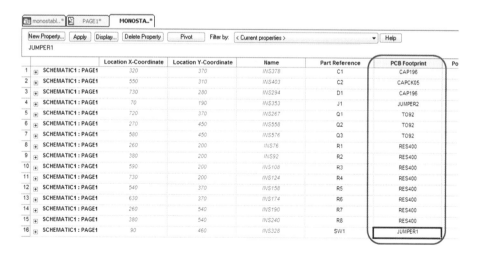

		Location X-Coordinate	Location Y-Coordinate	Name	Part Reference	PCB Footprint	Po
1	SCHEMATIC1 : PAGE1	320	370	INS378	C1	CAP196	
2	SCHEMATIC1 : PAGE1	550	310	INS403	C2	CAPCK05	
3	SCHEMATIC1 : PAGE1	730	280	INS294	D1	CAP196	
4	SCHEMATIC1 : PAGE1	70	190	INS353	J1	JUMPER2	
5	SCHEMATIC1 : PAGE1	720	370	INS267	Q1	TO92	
6	SCHEMATIC1 : PAGE1	270	450	INS558	Q2	TO92	
7	SCHEMATIC1 : PAGE1	580	450	INS576	Q3	TO92	
8	SCHEMATIC1 : PAGE1	260	200	INS76	R1	RES400	
9	SCHEMATIC1 : PAGE1	380	200	INS92	R2	RES400	
10	SCHEMATIC1 : PAGE1	590	200	INS108	R3	RES400	
11	SCHEMATIC1 : PAGE1	730	200	INS124	R4	RES400	
12	SCHEMATIC1 : PAGE1	540	370	INS158	R5	RES400	
13	SCHEMATIC1 : PAGE1	630	370	INS174	R6	RES400	
14	SCHEMATIC1 : PAGE1	260	540	INS190	R7	RES400	
15	SCHEMATIC1 : PAGE1	380	540	INS240	R8	RES400	
16	SCHEMATIC1 : PAGE1	90	460	INS328	SW1	JUMPER1	

창을 닫을 때 아래의 그림이 나타나면 Yes 버튼을 클릭한다.

3.7.2 Annotate

이것은 회로도에 있는 부품들의 참조번호를 정렬하는 작업이다. 편집 창 PAGE1
이 선택되어 있다면 아래 그림과 같이 Project Manager 창을 클릭한다.

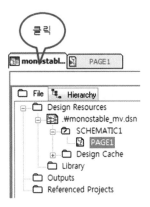

①-1 아래 그림과 같이 작업 창의 메뉴에서 Tools→Annotate…를 선택한다.

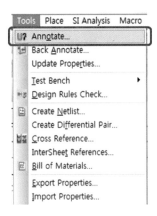

①-2 아래 그림과 같이 툴 팔레트에서 Annotate Icon을 선택해도 된다.

② 아래 그림과 같이 Annotate 창이 나타나면 Packaging Tab을 선택한 다음 Action 항목들 중 Reset part reference to "?"을 선택하고 확인 버튼을 클릭한다.

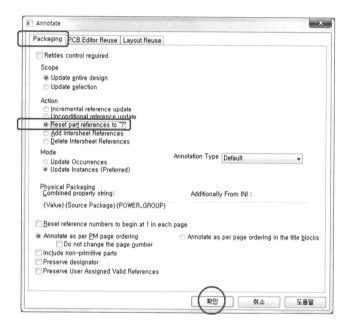

③ 위에서 확인 버튼을 클릭하면 아래 그림과 같이 경고 창이 나타나는데 그냥 Yes 버튼을 클릭한다.

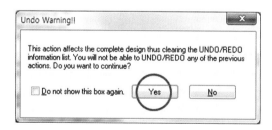

④ 위에서 Yes 버튼을 클릭하면 아래 그림과 같은 창이 나타나는데 여기서도 그 냥 확인 버튼을 클릭한다.

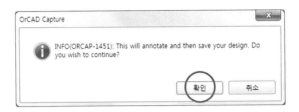

⑤ PAGE1 Tab을 클릭하여 회로도를 확인하여 보면 아래 그림과 같이 부품번호가 모두 "?"로 바뀌어 있다는 것을 볼 수 있다.

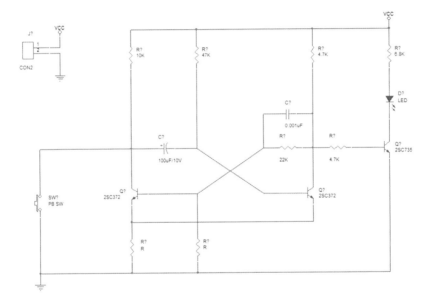

⑥ 다시 Project Manager 창을 클릭한 다음 Annotate 명령을 실행하여 다음 그 림과 같이 Annotate 창에서 Packaging Tab을 선택한 다음 Action 항목들 중 Incremental reference update를 선택하고 확인 버튼을 클릭한다. 이 작업은 회 로도의 부품번호를 위쪽에서 아래쪽으로 내려오면서 부여하게 된다.

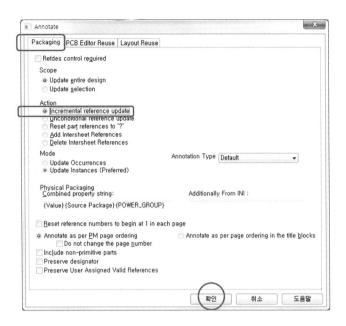

⑦ 경고 창과 정보 창이 나오면 Yes 버튼과 확인 버튼을 각각 클릭한다.

⑧ PAGE1 Tab을 클릭하여 회로도를 확인하여 보면 다음 그림과 같이 부품번호가
모두 부여된 것을 볼 수 있다. (필요시 중간 저장을 한다.)

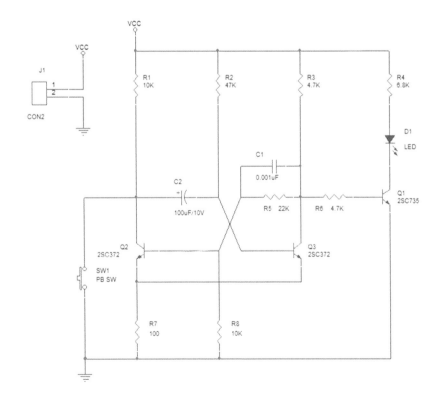

3.7.3 DRC(Design Rules Check)

이 작업은 회로도를 완성한 후 회로도 설계에 이상이 있는지 없는지를 점검해 주는 것으로 회로 자체의 동작 여부를 점검해 주는 것은 아니라는 것을 기억하자. 편집 창 PAGE1이 선택되어 있다면 아래 그림과 같이 Project Manager 창을 클릭한다.

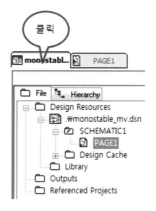

①-1 아래 그림과 같이 작업 창의 메뉴에서 Tools→Design Rules Check...를 선택한다.

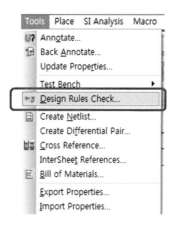

①-2 아래 그림과 같이 툴 팔레트에서 Design Rules Check Icon을 선택해도 된다.

② 아래 그림과 같이 경고 창이 나타나는 경우 그냥 Yes 버튼을 클릭한다.

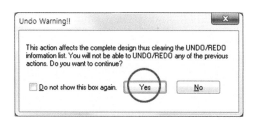

③ 아래 그림과 같이 Design Rules Check 창이 나타나면 Design Rules Options Tab의 Action 항목에서 Create DRC markers for warnings 항목의 check box를 클릭하고 나서 Report File: View Output 항목의 Check Box를 클릭한 후 File 경로를 확인한 다음 OK 버튼을 클릭한다.

이는 DRC 수행 중 경고 메시지 등이 있을 경우 확인할 수 있도록 하는 것이다.

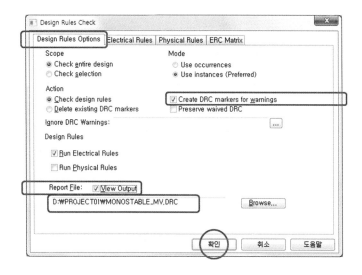

④ DRC 수행에서 아무 문제가 없으면 아래 그림과 같은 메모장이 나타나게 된다.

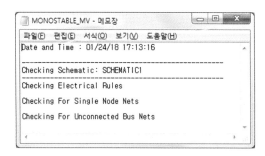

⑤ 이 보고서 파일은 아래 그림과 같이 Project Manager 창을 통해서도 볼 수 있다.

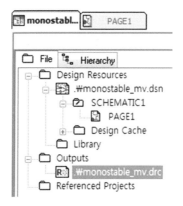

3.7.4 BOM(Bill of Materials)

편집창 PAGE1이 선택되어 있다면 아래 그림과 같이 Project Manager 창을 클릭한다.

①-1 다음 그림과 같이 작업 창의 메뉴에서 Tools→Bill of Materials...를 선택한다.

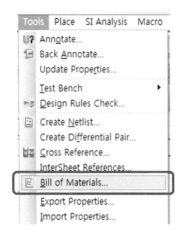

①-2 아래 그림과 같이 툴 팔레트에서 Bill of materials Icon을 선택해도 된다.

② 아래 그림과 같이 Bill of Materials 창이 나타나면 창 아래쪽 Report File: View
   Output 란의 Check Box를 클릭한 후 File의 저장 경로를 확인한 다음 OK 버튼
   을 클릭한다.

③ 아래 그림과 같은 창이 나오는 경우 그냥 예(Y) 버튼을 클릭한다.

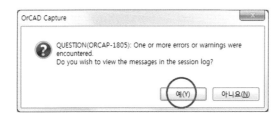

④ 아래 그림과 같이 Project Manager 창으로 이동하여 해당 파일을 찾아 더블클릭한다.

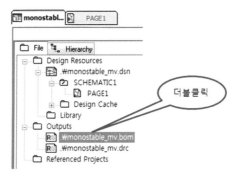

⑤ 아래 그림과 같이 회로도에 사용된 부품들의 리스트 등이 표시되는 것을 확인할 수 있다.

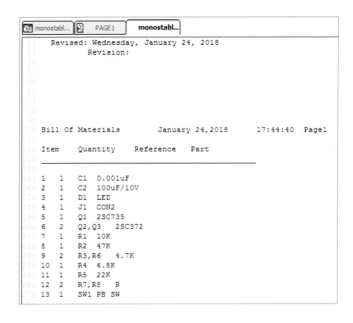

3.7.5 Netlist 생성

다른 작업 창이 선택되어 있는 경우 아래 그림과 같이 Project Manager 창을 클릭한다.

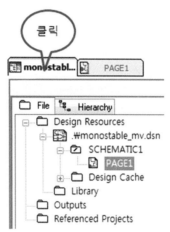

①-1 아래 그림과 같이 작업 창의 메뉴에서 Tools→Create Netlist...를 선택한다.

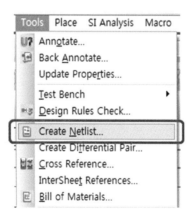

①-2 아래 그림과 같이 툴 팔레트에서 Create netlist Icon을 선택해도 된다.

② 아래 그림과 같이 Create Netlist 창이 나타나면 PCB Editor Tab이 활성화된 상태에서 Create or Update PCB Editor Board(Netrev) 항목의 Check Box를 클릭하고 Place Changed 항목에서 Always를 클릭한 다음 Board Launching Option 항목에서는 Open Board in OrCAD PCB Editor(This option will not transfer any high-speed properties to the board)를 클릭한 후 확인 버튼을 클릭한다.

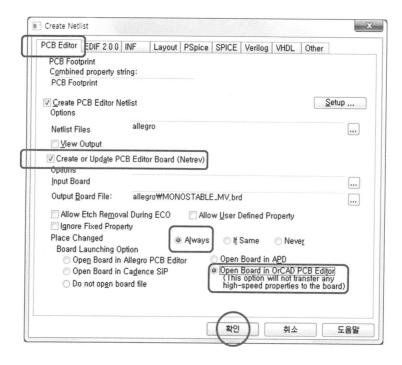

③ 아래 그림과 같이 Directory 생성 여부를 묻는 창이 나타나면 예(Y) 버튼을 클릭한다.

④ 아래 그림과 같은 진행 과정이 나타나게 되고 정상적으로 작업이 완료되면
PCB 설계를 할 수 있는 PCB Designer 창이 나타난다.

PART

04

쉽게 배우는 PCB Artwork OrCAD Ver 16.6

PCB 설계(양면 기판)

PCB 설계(양면 기판)

정상적으로 Netlist 생성 과정이 진행되면 아래 그림의 위쪽 부분에 보이는 것처럼 확장자가 MONOSTABLE_MV.brd(Board)인 파일이 자동적으로 생성되며 이것이 초기 화면이다. 배경색은 원래 검정이었으나 편의상 흰색으로 하였으니 참고하기 바란다.

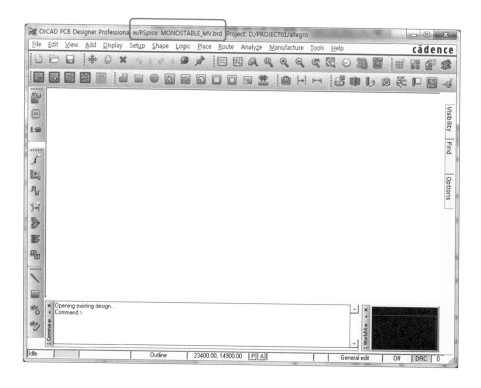

자동으로 프로그램이 실행되면 부품 배치의 첫 번째로 아래 그림과 같이 작업 창의 메뉴에서 Place→Manually...를 선택한다. 물론 툴 팔레트에서 Place Manual을 선택해도 된다.

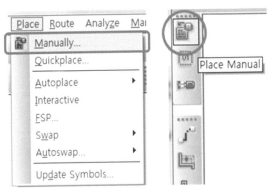

위의 과정을 거치면 아래 그림과 같이 Placement 창이 나타나는데 부품들이 모두 보이는지 확인하고 각 부품들 앞의 Check Box를 클릭하여 Quick View에 제대로 나타나는지도 확인한다. 모든 부품의 상태를 확인하였으면 오른쪽 Advanced Settings Tab으로 이동한다.

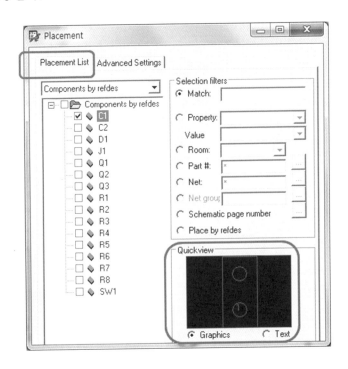

아래 그림과 같이 Library Check Box 등을 On 하고 OK 버튼을 클릭한다.

부품 배치의 두 번째는 아래 그림과 같이 Place→QuickPlace…를 선택하여 하는 것으로 뒷부분에서 자세히 설명한다.

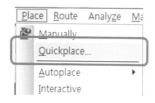

4.1 PCB 설계 과정 Over View

PCB를 설계하는 과정에 대하여 아래 그림을 참조하자.

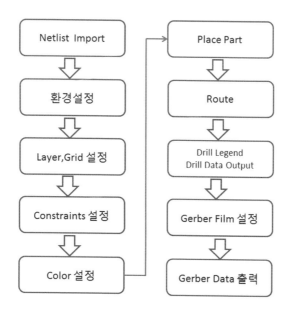

4.2 환경 설정

4.2.1 단위 및 도면 크기 설정

①-1 아래 그림과 같이 작업 창의 메뉴에서 Setup→Design Parameters...를 선택한다.

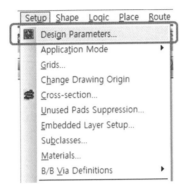

①-2 아래 그림과 같이 툴 팔레트에서 Prmed Icon을 선택해도 된다.

② 다음 그림과 같이 Design Parameter Editor 창이 나타나면 Design Tab으로 이동하여 User Units:는 Mils로, Size는 A로, Accuracy는 0으로 설정하고 Extents 항목의 Left X:와 Lower Y:는 각각 -1000으로 입력한 다음 OK 버튼을 클릭한다.

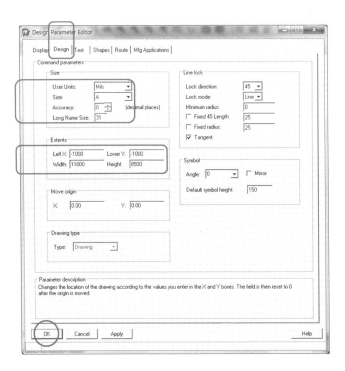

4.2.2 Layer 설정

①-1 아래 그림과 같이 작업 창의 메뉴에서 Setup → Cross-section...을 선택한다.

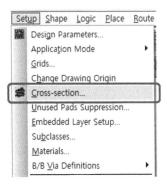

①-2 아래 그림과 같이 툴 팔레트에서 Xsection Icon을 선택해도 된다.

② 아래 그림과 같이 Layout Cross Section 창이 나타나면 Default 값으로 양면 기판 설계를 할 수 있게 설정되어 있는 것을 확인한 다음 OK 버튼을 클릭한다.

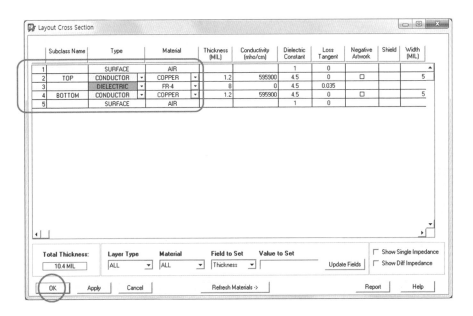

4.2.3 Grid 설정

① 아래 그림과 같이 작업 창의 메뉴에서 Setup→Grids...를 선택한다.

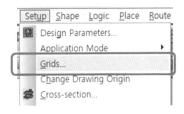

② 다음 그림과 같이 Define Grid 창이 나오면 Default 값을 확인한 후 OK 버튼을 클릭한다. 필요시 Grids On Check Box를 On 또는 Off 하여 작업하면 된다.

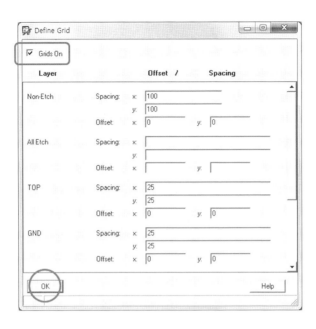

4.2.4 Color 설정

작업을 하게 되면 부품에 여러 가지 속성들이 표시되어 복잡하게 보이는 등 불필요한 속성들을 보이지 않게 하고 설계자의 의도에 맞는 필요한 속성들만 보이게 하기 위하여 Color 설정 작업을 한다.

①-1 아래 그림과 같이 작업 창의 메뉴에서 Display→Color/Visibility...를 선택한다.

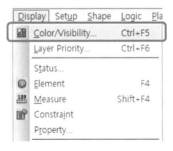

①-2 아래 그림과 같이 툴 팔레트에서 Color192 (Ctrl+F5) Icon을 선택해도 된다.

①-3 단축키로 Ctrl+(Function Key)F5를 눌러도 된다. (익숙해지면 많이 사용된다.)
② 아래 그림과 같이 Color Dialog 창이 나타나면 창의 오른쪽 윗부분에 있는
   Global Visibility: 항목에서 Off 버튼을 클릭한다.

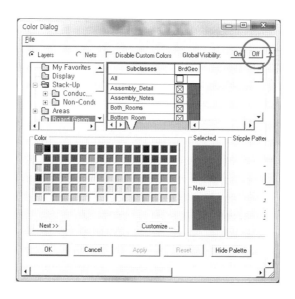

③ 아래 그림과 같은 창이 나타나게 되면 모든 Class들에 대해 보이지 않게 할 것
   인지를 확인하는 것이므로 그냥 예(Y) 버튼을 클릭한다.

④ 아래 그림에서 Areas\Board Geometry 항목을 선택한 다음 아랫부분의 Color
지정 부분에서 노란색을 클릭하고, Subclasses에서 Outline의 Check Box
를 On 하고 그 오른쪽 색상 지정할 곳을 클릭한다. Dimension은 연두색,
SilkScreentop은 흰색으로 설정하고 Apply 버튼을 클릭한다. 이것은 Board에
관련된 항목을 보이게 하는 작업이다.

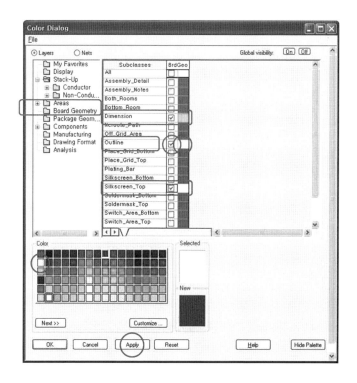

⑤ 다음 그림과 같이 Stack-Up 항목을 선택한 다음 오른쪽 부분에서 Pin, Via,
Etch, Drc 항목에 대하여 All Check Box를 On 한 후 Color 지정 부분에서 Pin,
Via, Etch 항목의 Top은 연두색, Bottom은 노란색, 나머지 Subclasses은 쑥색
으로 지정하고, Drc 항목은 모두 빨간색으로 지정된 것을 확인한 후 Apply 버
튼을 클릭한다. 기본적으로 지정되어 있는 색상이며 설계자에 따라 변경하여
사용할 수 있다.

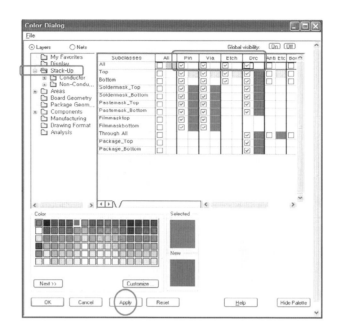

⑥ 아래 그림에서 Areas\Package Geometry 항목을 선택한 다음 아랫부분의
Color 지정 부분에서 흰색을 클릭하고, Subclasses에서 Silkscreen_Top의
Check Box를 On 하고 그 오른쪽 색상 지정할 곳을 클릭한 후 Apply 버튼을 클
릭한다. (경우에 따라 Assembly_Top을 지정할 수 있다.)

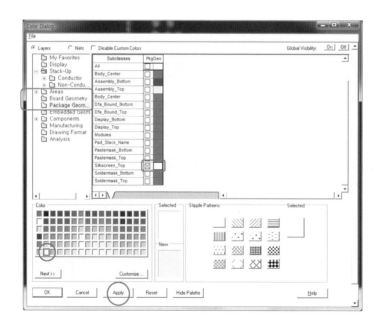

⑦ 아래 그림과 같이 Components 항목을 선택한 다음 아랫부분의 Color 지정 부분에서 흰색을 클릭하고, Subclasses에서 Silkscreen_Top의 RefDes 항목에 대하여 Check Box를 On 하고 그 오른쪽 색상 지정할 곳을 클릭한 후 Apply 버튼을 클릭한다. 이것은 부품에 있는 여러 가지 속성 중 PCB 설계에 필요한 속성들을 나타나게 하는 것으로 이번 작업의 경우 부품을 Top 면에만 실장 하므로 이에 맞게 지정을 한 것이며, 이는 설계자가 어떤 항목을 설정할 것인지를 판단하여야 한다.

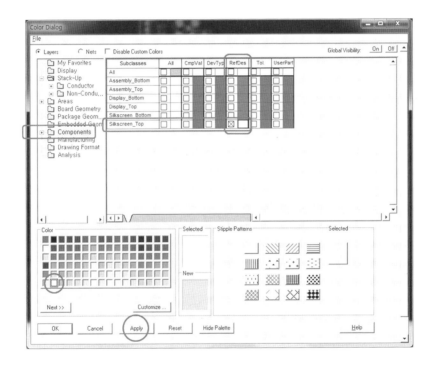

⑧ 다른 지정할 사항이 없으면 OK 버튼을 클릭한다.

4.3 Board Outline 그리기 및 부품 배치

4.3.1 Board Outline 그리기

① 아래 그림과 같이 작업 창의 메뉴에서 Setup→Outline→Board Outline...을 선택한다.

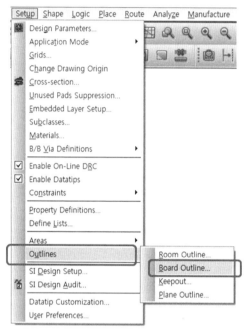

② 아래 그림과 같이 Board Outline 창이 나타나면 Command Operations에는 Create를 선택, Board Edge Clearance:는 40MIL, Create Options에는 Draw Rectangle을 선택하고 다음 순서를 진행한다.

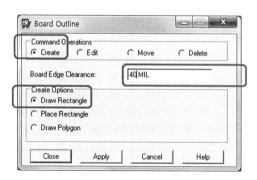

③ 위의 Board Outline 창이 열려 있는 상태에서 아래 그림과 같이 Command〉란에 영어 소문자로 x 0 0 (x space bar 0 space bar 0)을 입력한 다음 Enter Key를 누른다. 또 Command〉란에 x 1970 2756을 입력하고 Enter Key를 누른다.

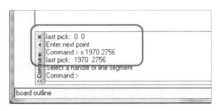

작업 창에는 Board Outline이 생성되고, Board Outline 창에서 Close 버튼을 클릭하면 오른쪽 그림처럼 나타나게 된다. (Board Size는 50mm×70mm 정도)

4.3.2 기구 홀 추가

①-1 아래 그림과 같이 작업 창의 메뉴에서 Place →Manually…를 선택한다.

①-2 아래 그림과 같이 툴 팔레트에서 Place Manual Icon을 선택해도 된다.

② 아래 그림과 같이 Placement 창이 나타나면 Advanced Settings Tab으로 이동하여 Display definition from: 항목의 Library Check Box가 활성화된 것을 확인하고 다음 순서를 진행한다. 필요시 아래 설정값을 지정한다.

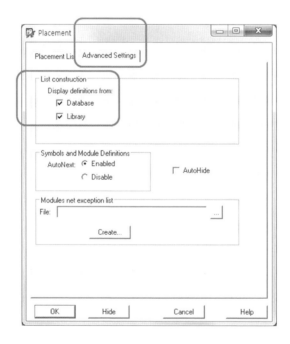

③ 아래 그림과 같이 Placement List Tab으로 이동하여 그 아래 콤보 상자를 열어 Mechnical symbols를 선택하고 그 아래의 MTG156 Check Box를 활성화시킨 후 Command〉 x 200 200 Enter Key를 누르고 다시 MTG156 Check Box를 활성화시킨 후 Command〉 x 1800 200 Enter Key를 누르고 다시 MTG156 Check Box를 활성화시킨 후 Command〉 x 1800 2600 Enter Key를 누르고 다시 MTG156 Check Box를 활성화시킨 후 Command〉 x 200 2600 Enter Key를 누른 후 OK 버튼을 클릭하여 마무리한다.

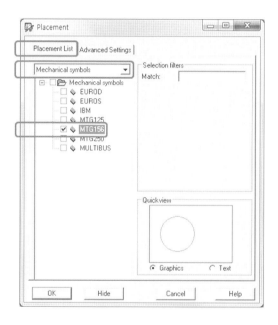

④ 아래 그림은 위의 진행 과정을 보여준다.

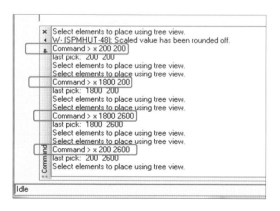

⑤ 아래 그림은 기구 홀이 배치된 보드의 모습이다.

4.3.3 부품 배치(Quickplace)

부품 배치는 Quickplace와 Manually의 두 방법을 따라 해 본다. 우선 Quickplace 방법을 설명한다. 이것은 비교적 적은 부품을 사용하여 작업할 때 사용하는 메뉴이다.

부품 배치에 앞서 작업 창을 필요에 따라 크게 하거나 작게 할 수 있는 메뉴를 아래 그림에 있는 메뉴를 보고 따라 해 본다. 따라 하는데 크게 어려움이 없다고 생각되어 그림은 생략하였다.

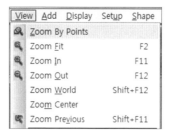

① 위의 그림에서 Zoom By Points 메뉴를 클릭하고 작업 창으로 와 임의의 한 점을 클릭한 후 마우스를 다른 점으로 이동한 후 다시 클릭하면 그 영역만 확대되는 것을 알 수 있다. 이 메뉴는 작업 창에서 설계자가 원하는 영역만 확대할 때 사용할 수 있는 메뉴로 간단히 메뉴 왼쪽에 있는 Icon을 툴 팔레트에서 클릭하여 사용할 수도 있다.

② 다음은 Zoom Fit 메뉴를 클릭한다. 그러면 작업 창에 꽉 차게 확대되는 것을 알 수 있다. 이 메뉴는 설계자가 작업하는 영역 전체를 보기 위해서 사용하는 메뉴이다. 이 메뉴는 Function Key F2를 눌러 사용하거나 메뉴 왼쪽에 있는 Icon을 툴 팔레트에서 클릭하여 사용할 수도 있다.

③ 다음은 Zoom In 메뉴를 살펴보자. 이 메뉴를 작업 창을 확대할 때 사용하는 것으로 메뉴를 실행할 때마다 작업 창이 확대되는 것을 볼 수 있다. 연습으로 메뉴를 세 번 실행해 본다. 이 메뉴는 Function Key F11을 눌러 사용하거나 메뉴 왼쪽에 있는 Icon을 툴 팔레트에서 클릭하여 사용할 수도 있다.

④ 다음은 Zoom Out 메뉴를 살펴보자. 이 메뉴를 작업 창을 축소할 때 사용하는 것으로 메뉴를 실행할 때마다 작업 창이 축소되는 것을 볼 수 있다. 연습으로 메뉴를 세 번 실행해 본다. 이 메뉴는 Function Key F12를 눌러 사용하거나 메뉴 왼쪽에 있는 Icon을 툴 팔레트에서 클릭하여 사용할 수도 있다.

Zoom In과 Zoom Out 메뉴는 위에 설명한 것을 사용할 수 있고 아래에 설명하는 간단한 방법을 사용할 수도 있다.

⑤ 마우스 포인터를 작업 창으로 가져와 임의의 점에 두고 마우스 스크롤 휠(대부분의 경우 왼쪽 버튼과 오른쪽 버튼 사이에 있음)을 앞 혹은 뒤로 스크롤 해 본다. 앞으로 스크롤 하면 확대, 뒤로 스크롤 하면 축소되는 것을 볼 수 있다. 작업 중 자주 사용하게 되는 기능이니 많은 실습을 통해 익히도록 한다.

⑥ 다음으로 자주 사용하는 메뉴인 Zoom Previous 메뉴를 살펴보자. 이 메뉴를 말 그대로 이전의 상태로 되돌려 주는 메뉴이다. 두 번 메뉴를 실행하고 변화를 확인한다. 이 메뉴는 Shift Key를 누른 채로 Function Key F11을 눌러 사용하거나 메뉴 왼쪽에 있는 Icon을 툴 팔레트에서 클릭하여 사용할 수도 있다.

이제 본 작업으로 들어가 부품을 배치하도록 한다.

① 위에서 익힌 메뉴 중에서 Zoom Fit(F2) 메뉴를 실행한다.

② 아래 그림과 같이 작업 창의 메뉴에서 Place→Quickplace...를 선택한다.

③ 아래 그림과 같이 Quickplace 창이 나타나면 Edge 항목에서 Right Check Box
를 On 하고 Place 버튼을 클릭한 다음 OK 버튼을 클릭한다.

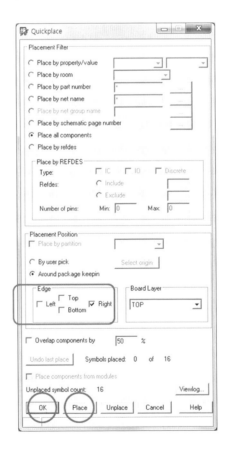

④ 아래 그림과 같이 보드 오른쪽으로 부품들이 모두 나타나는 것을 알 수 있다.

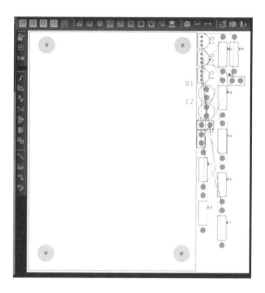

⑤ 아래 그림과 같이 마우스를 작업 창의 오른쪽 Find Tab으로 이동하여 All Off 버튼을 눌러 설정을 모두 해제한 후 Symbols 항목만 설정한 후 작업 창으로 이동한다.

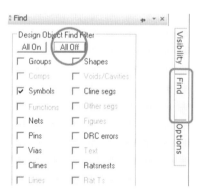

⑥ J1 위에 마우스를 가져가 선택한 후 클릭-드래그하여 좌표(300, 2100) 근처에 놓고 다음 그림처럼 그 위에서 RMB→Rotate를 선택한다. 연결된 신호선을 참고하면서 배치하면 배선할 때 효율을 좋게 할 수 있다.

⑦ 아래 그림과 같이 회전축을 중심으로 보조선이 붙어 나오는데 마우스를 왼쪽, 오른쪽으로 원을 그리듯이 움직여 동작을 확인한 후 부품을 아래 그림과 같이 세로 방향이 되었을 때 마우스를 클릭한 후 이동하여 배치한다.

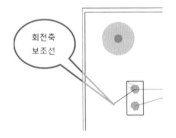

나머지 부품들은 마지막 배치 그림을 참고해 위와 같은 방법으로 배치하도록 한다.

⑧ SW1, R1 등 나머지 부품들을 완성된 그림을 참고하여 배치한다.

⑨ 아래 그림은 부품 배치가 완료된 것을 나타낸다.

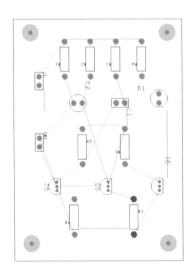

⑩-1 위의 그림처럼 배치가 되지 않았을 경우 아래 그림과 같이 작업 창의 메뉴에
　서 Edit→Move...를 선택하여 부품을 클릭한 후 다시 배치한다.

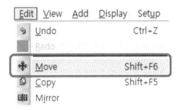

⑩-2 아래 그림과 같이 툴 팔레트에서 Move Icon을 선택해도 된다.

⑩-3 단축키로 Shift+(Function Key)F6를 눌러도 된다. (익숙해지면 많이 사용된다.)
⑪ 부품을 다시 배치할 때 방향을 바꾸어야 할 경우가 있으면 부품을 선택한 후 아
　래 그림과 같이 RMB→Rotate를 선택하여 진행하도록 한다.

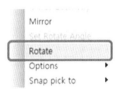

⑫ 부품 선택 후 원하는 대로 작업이 진행되지 않았을 경우 아래 그림과 같이
　RMB→Oops를 선택하여 처리하도록 한다.

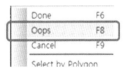

⑬ 모든 작업이 완료되면 아래 그림과 같이 RMB→Done를 선택한다.

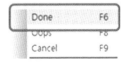

부품에 여러 속성들이 있을 경우 설계자가 원하는 대상을 선택할 때 아래 그림과 같이 작업
창 오른쪽의 Find Tab 위에 마우스를 가져가면 여러 요소들을 선택하여 작업할 수 있으니 설
계자의 의도에 맞게 작업하면 된다.

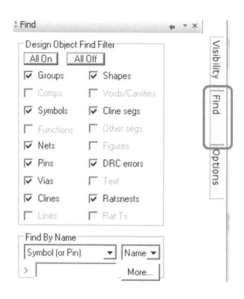

4.3.4 부품 배치(Manually)

이번에는 Manually 메뉴를 사용하여 부품의 수가 많은 경우 등 배치에 앞서
Routing 되기 이전 부품의 핀끼리의 연결선(Connection)을 보이지 않게 하는 작업
을 하는 명령을 먼저 수행한 후 배치 작업을 한다. 즉 모든 Ratsnest Visible을 Off 하
는 명령이다. 위에서 Quickplace로 배치를 완료하였으면 여기는 건너뛰고 다음 4.4
Net 속성 부여로 간다. 이 회로도를 가지고 두 번째 작업을 진행할 때는 Quickplace
배치 방법을 익혔으니 Manually 방법을 사용하여 배치하도록 한다.

①-1 다음 그림과 같이 작업 창의 메뉴에서 Display→Blank Rats→All...을 선택
한다.

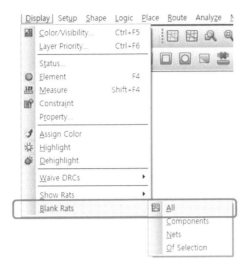

①-2 아래 그림과 같이 툴 팔레트에서 Unrats All Icon을 선택해도 된다.

②-1 아래 그림과 같이 작업 창의 메뉴에서 Place→Manually…를 선택한다.

②-2 아래 그림과 같이 툴 팔레트에서 Place Manual Icon을 선택해도 된다.

③ 아래 그림과 같이 Placement 창이 나타나면 모든 부품을 선택해야 하므로 Components by refdes 왼쪽 Check Box를 On 한다.

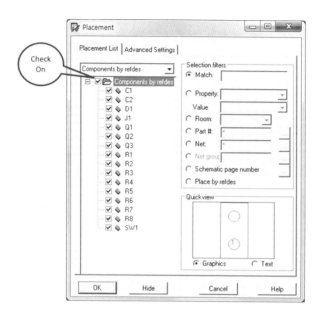

④ 마우스 포인터에 아래 그림과 같이 C1 부품이 붙어 나타나게 되는데 그 상태에서 RMB를 누르면 여러 메뉴가 나오고 그중 Rotate 등을 활용하여 원하는 곳에서 클릭하면 배치가 된다. C1의 경우 Rotate 한 후 클릭하여 방향을 고정시킨 다음 원하는 곳을 클릭하여 배치한다.

⑤ 나머지 부품들도 같은 방법으로 배치한다.

⑥ 아래 그림과 같이 Net들은 보이지 않고 부품들만 보이게 완성되었다.

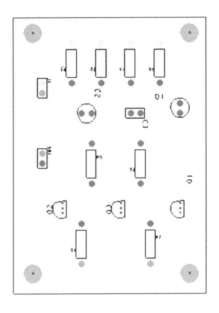

4.4 Net 속성 부여

PCB를 설계하는 과정에서 배선의 두께, 배선 간 간격, 배선의 색상 등을 지정하여 진행하게 되는데 이것은 아래에 설명하는 순서에 따라 진행하면 된다.

① 다음 그림과 같이 작업 창의 메뉴에서 Setup→Constraints→Physical...을 선택한다.

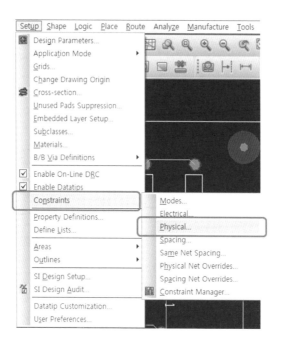

② 아래 그림과 같이 Physical Constrain Set\All Layers를 선택한 후 오른쪽 Line Width 항목의 Default 값인 5mil을 12mil로 바꾸어 입력한 후 Enter Key를 누른다. (Line Width를 12mil로 설정)

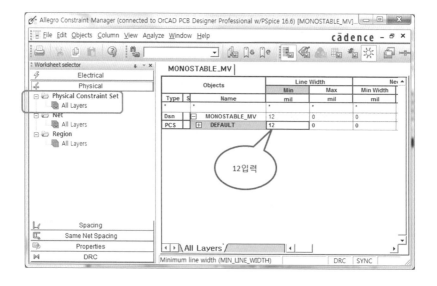

③ 아래 그림과 같이 Net\All Layers를 선택한 후 오른쪽 Line Width 항목의 GND
값과 VCC 값 12mil을 40mil로 바꾸어 입력한 후 Enter Key를 누른다. (GND와
VCC Width를 40mil로 설정)

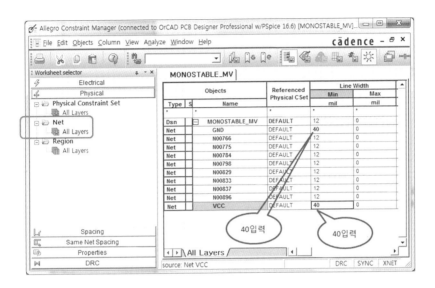

④ 아래 그림과 같이 Spacing Constrain Set\All Layers를 선택한 후 오른쪽
Default 항목의 값을 각각 12mil로 입력한 후 Enter Key를 누르고 창을 닫는다.
(Spacing Width를 12mil로 설정)

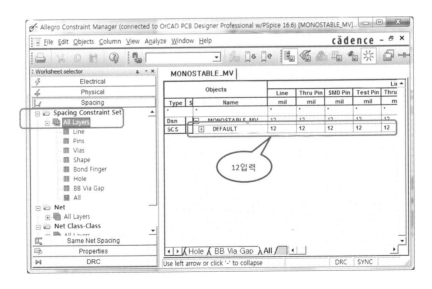

⑤-1 아래 그림과 같이 작업 창의 메뉴에서 Display→Assign Color...를 선택한다.

⑤-2 아래 그림과 같이 툴 팔레트에서 Assign Color Icon을 선택해도 된다.

⑥ 아래 그림과 같이 화면 우측에 있는 Options Tab 위로 마우스를 가져가 빨간색
   을 선택한 후 Find Tab 위로 마우스를 가져간다.

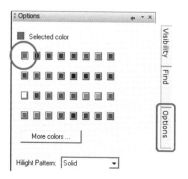

⑦ 다음 그림과 같이 Find Tab이 활성화된 상태에서 Net와 Name이 선택된 것을
   확인한 뒤 그 아래의 More 버튼을 클릭한다.

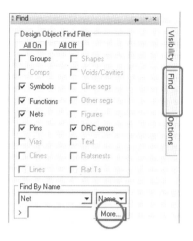

⑧ 아래 그림과 같이 Net들이 보이는 곳에서 스크롤 바를 사용하여 Vcc Net를 찾은 다음 마우스로 클릭하면 오른쪽 영역으로 이동한다. 정상적으로 수행이 되었으면 OK 버튼을 클릭한다. (VCC Net를 빨간색으로 지정)

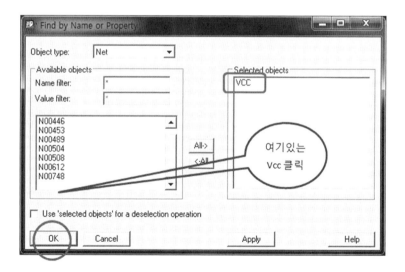

⑨ 다음 그림과 같이 화면 우측에 있는 Options Tab 위로 마우스를 가져가 녹색을 선택한 후 Find Tab 위로 마우스를 가져간다.

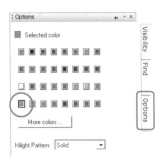

⑩ 아래 그림과 같이 Find Tab이 활성화된 상태에서 Net와 Name이 선택된 것을 확인한 뒤 그 아래의 More 버튼을 클릭한다.

⑪ 아래 그림과 같이 Net들이 보이는 곳에서 스크롤 바를 사용하여 Gnd Net를 찾은 다음 마우스로 클릭하면 오른쪽 영역으로 이동한다. 정상적으로 수행이 되었으면 OK 버튼을 클릭한다. (GND Net를 녹색으로 지정)

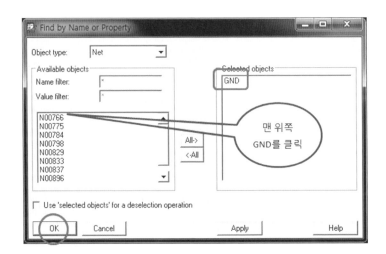

⑫ 아래 그림처럼 VCC와 GND Net에 색상이 적용된 것을 볼 수 있다.

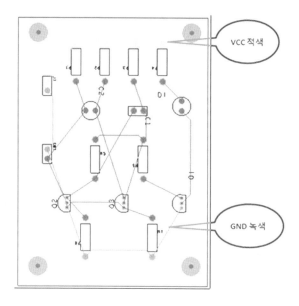

위와 같은 방법으로 특정 Net에 대하여 설계자가 원하는 색상을 지정하여 작업 효율을 좋게 할 수 있다.

4.5 Route

이제 Routing을 하기 위한 준비 작업이 되었으므로 본격적인 Routing 작업을 진행해 보자.

①-1 아래 그림과 같이 작업 창의 메뉴에서 Route→Connect…를 선택한다.

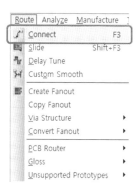

①-2 아래 그림과 같이 툴 팔레트에서 Add Connect(F3) Icon을 선택해도 된다.

①-3 단축키로 Function Key F3을 눌러도 된다. (익숙해지면 많이 사용된다.)

② 아래 그림과 같이 작업창 오른쪽 Options Tab을 활성화 한 후 각 항목의 값들과 같이 설정한다.

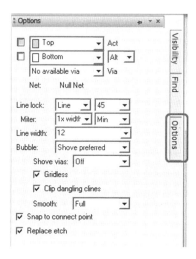

③ 전원선(VCC, GND)을 먼저 배선하고 나머지 신호선들을 배선하고 배선이 완료된 후에는 오른쪽 그림과 같이 RMB→Done를 선택하여 마무리한다.

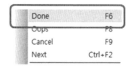

④ 배선은 다음 그림을 참고한다. (요령 1)

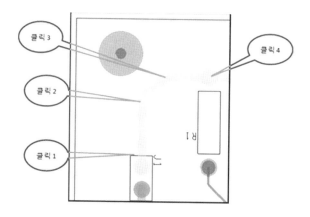

⑤ 배선은 아래 그림을 참고한다. (요령 2)

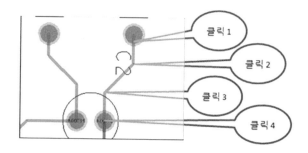

⑥ 배선할 때 Top 면에서만 배선을 하기 어려운 경우, 즉 다른 신호선과 겹쳐 배선을 하게 되는 경우에는 Via를 형성하여 Bottom 면으로 바꿔서 배선을 해야하는데, 배선을 하다 Bottom 면으로 이동하려면 RMB→Add Via를 선택하거나 마우스 더블클릭하여 배선한다. (요령 3) 이 작업의 경우 Via는 형성하지 않았다.

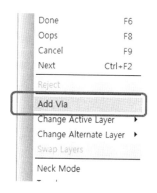

⑦ 배선할 때 Via 없이 다른 면으로의 배선이 필요할 경우에는 처음 배선을 클릭한 다음 RMB→Change Active Layer→Bottom(or Top)을 선택하여 배선한다. (요령 4)

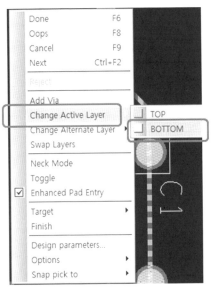

⑧ 배선을 해 놓고 정리하는 것으로 아래 그림과 같이 작업 창의 메뉴에서 Route →Slide를 선택하거나 툴 팔레트에서 Slide Icon을 클릭하거나 단축키로 Shift+Function Key F3을 눌러도 된다. (요령 5)

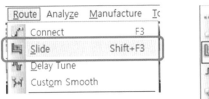

⑨ 아래 그림과 같이 명령 수행 후 왼쪽 그림의 배선 위에서 마우스를 클릭하여 오른쪽 그림과 같이 아래 방향으로 드래그하여 배선을 정리한다.

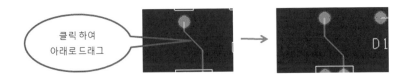

⑩ 아래 그림은 배선이 완료된 것을 보여준다.

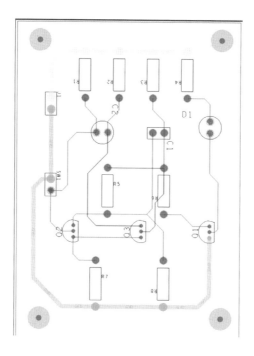

4.6 부품 참조번호(RefDes) 크기 조정 및 이동

배선이 모두 끝나면 부품 참조번호의 크기를 일정하게 조정하고 알맞은 위치로 이동해야 보기 좋은 모양이 된다.

① 아래 그림과 같이 작업 창의 메뉴에서 Edit→Change를 선택한다.

② 아래 그림과 같이 작업 창 오른쪽의 Options Tab에서 보이는 것과 같이 값을 설정한다.

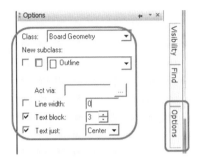

③ 아래 그림과 같이 작업 창 오른쪽의 Find Tab에서 보이는 것과 같이 값을 설정한다.

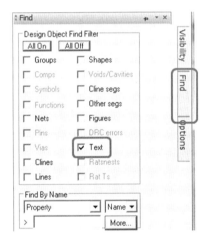

④ 아래 그림과 같이 사각형 왼쪽 위에서 마우스를 클릭한 후 사각형 오른쪽 아래 지점에서 종료하고 RMB→Done을 선택한다.

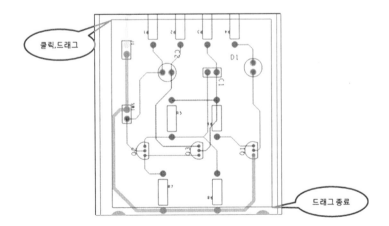

⑤ 아래 그림처럼 Move 명령을 실행한다.

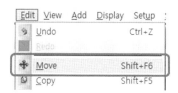

⑥ 아래 그림처럼 설정한다.

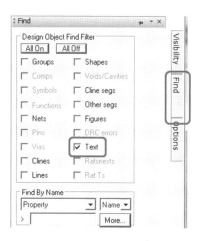

⑦ 작업 창으로 와서 정리가 필요한 부품 참조번호를 클릭한 후 RMB→Rotate를 선택하여 배치하고 작업이 완료되면 RMB→Done을 선택한다.

⑧ 아래 그림은 정리가 부품 참조번호의 크기와 위치 이동을 마친 모습이다.

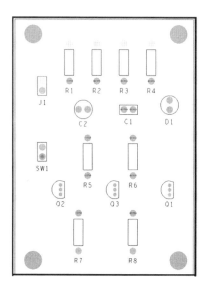

4.7 Shape 생성

Shape(Copper) 생성은 특정한 Net에 동판을 씌워 주는 것으로 여기서는 GND Net에 작업하는 것으로 진행한다.

①-1 아래 그림과 같이 작업 창의 메뉴에서 Shape→Rectangular를 선택한다.

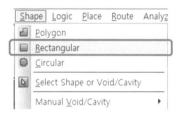

①-2 아래 그림과 같이 툴 팔레트에서 Shape Add Rect Icon을 선택해도 된다.

② 아래 그림과 같이 작업 창 오른쪽의 Options Tab에서 보이는 것과 같이 값을 설정하고 Dummy Net 오른쪽의 버튼을 클릭한다.

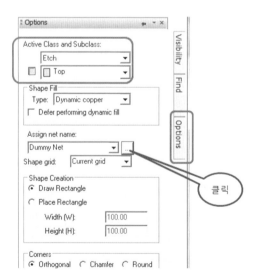

③ 아래 그림과 같이 Gnd Net을 클릭한 후 OK 버튼을 클릭한다.

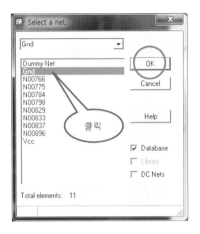

④ 아래 그림과 같이 사각형 왼쪽 위에서 마우스를 클릭한 후 사각형 오른쪽 아래
　지점에서 종료하고 RMB→Done을 선택한다.

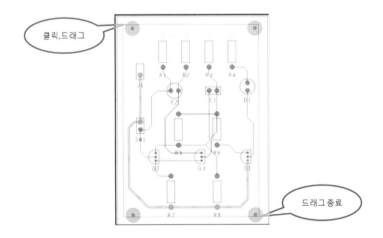

⑤ 다음 그림은 Copper 명령 수행 후 모습이고 Gnd Net에는 Thermal Relief 형태
　로 연결되고, 나머지 다른 Net들에는 Clearance가 생긴다.

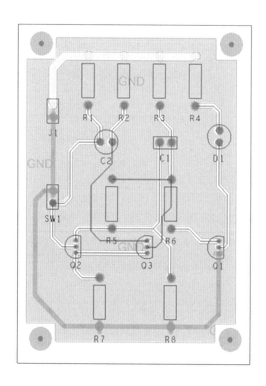

아래 그림은 Thermal Relief와 Clearance를 나타낸다.

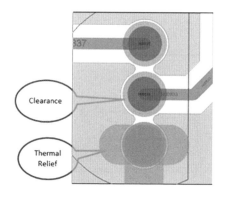

4.8 DRC(Design Rules Check)

PCB 설계를 마쳤으므로 설계자가 설정한 조건들에 맞도록 작업이 되었는지를 점
검하는 과정이다.

① 아래 그림과 같이 작업 창의 메뉴에서 Display→Status...를 선택한다.

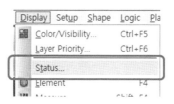

② 아래 그림과 같이 Status 창이 나타나고 색상이 표시된 조그만 사각 박스가 보인다. 초록색이면 설계 조건에 맞게 작업이 된 것이고, 빨간색이면 Error, 노란색은 Warning 표시이다. DRCs 항목의 Update DRC 버튼을 클릭하면 창에 색상으로 결과를 보여주고 Error 상태들을 보여준다. 이 작업에서는 정상적으로 진행되었으므로 모두 초록색으로 나타났지만 혹시 Error가 있을 경우는 다시 뒤쪽으로 돌아가 Error를 수정한 후 다시 문제가 없을 때까지 DRC를 하여야 한다. 문제가 없으면 OK 버튼을 클릭한다.

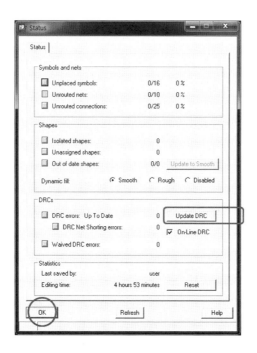

PART

05

쉽게 배우는 PCB Artwork OrCAD Ver 16.6

Gerber Data 생성

Gerber Data 생성

5.1 Drill Legend 생성

Drill Legend란 PCB를 제작할 때 부품을 실장하거나 기구 홀 등 가공을 위해 여러 종류의 Drill을 사용하게 되는데, 여기에 사용되는 Drill Size와 수량 등을 표 형식으로 나타낸 것으로 다음 순서에 따라 진행한다.

①-1 아래 그림과 같이 작업 창의 메뉴에서 Manufacture→NC→Drill Customization...을 선택한다.

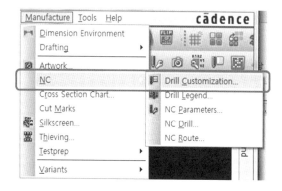

①-2 다음 그림과 같이 툴 팔레트에서 NCdrill Customization Icon을 선택해도 된다.

② Drill Customization 창이 나타나면 아래 그림과 같이 가운데 아래쪽에 있는 Auto generate symbol 버튼을 클릭한다.

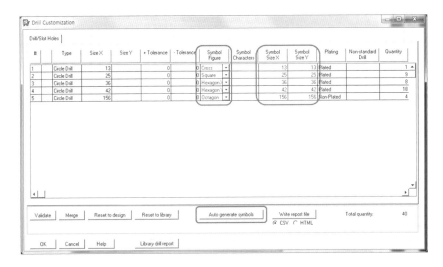

③ 아래 그림과 같이 작업을 진행하겠느냐는 메시지 창이 나오면 예(Y) 버튼을 클릭한다.

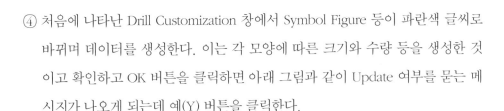

④ 처음에 나타난 Drill Customization 창에서 Symbol Figure 등이 파란색 글씨로 바뀌며 데이터를 생성한다. 이는 각 모양에 따른 크기와 수량 등을 생성한 것이고 확인하고 OK 버튼을 클릭하면 아래 그림과 같이 Update 여부를 묻는 메시지가 나오게 되는데 예(Y) 버튼을 클릭한다.

⑤-1 아래 그림과 같이 작업 창의 메뉴에서 Manufacture→NC→Drill Legend…를
선택한다.

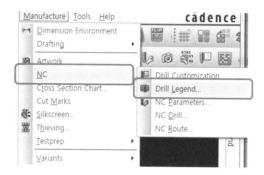

⑤-2 아래 그림과 같이 툴 팔레트에서 NCdrill Legend Icon을 선택해도 된다.

⑥ 아래 그림과 같이 Drill Legend 창이 나타나면 File명과 Output unit를 확인하고
이상이 없으면 OK 버튼을 클릭한다.

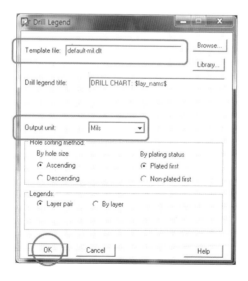

⑦ 위의 순서가 진행되면 마우스에 하얀 사각형이 붙어 나오는데 그 사각형을 배
    치할 공간 확보를 위해 작업 창 크기를 조절(마우스 휠 사용)한 후 다음 그림과
    같이 클릭하여 Board 오른쪽에 배치한다.

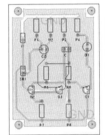

5.2 NC Drill 생성

이 작업은 Drill 가공을 할 때 필요한 여러 정보를 추출하기 위한 것으로 다음 순서
에 따라 진행한다.

①-1 아래 그림과 같이 작업 창의 메뉴에서 Manufacture →NC→NC Parameter...를
    선택한다.

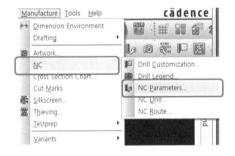

①-2 아래 그림과 같이 툴 팔레트에서 NCdrill Param Icon을 선택해도 된다.

② Drill Parameters 창이 나타나면 아래 그림과 같이 설정하고 Close 버튼을 클릭한다. Close 버튼 위쪽 큰 둥근 사각형 내의 항목은 PCB 가공기 관련 설정 항목이다.

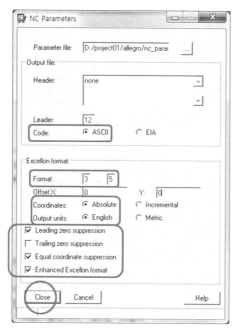

③ 아래 그림과 같이 작업 창의 메뉴에서 Manufacture→NC→NC Drill…을 선택한다.

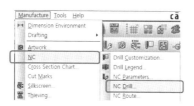

④ 다음 그림과 같이 NC Drill 창이 나타나면 File명을 확인하고 필요한 항목들을 설정한 후 Drill 버튼을 클릭한다. (필요시 File명을 구별하기 쉬운 이름으로 수정한다.)

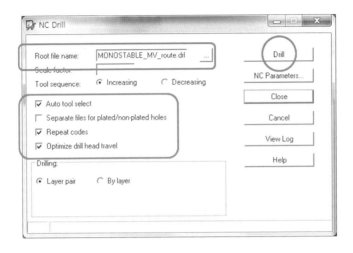

위 과정이 수행되면 아래 그림과 같이 NC Drill Data가 형성되는 것을 보여준다.

⑤ NC Drill Data 생성 과정이 마무리되면 Close 버튼을 클릭한다.

5.3 Gerber 환경 설정

NC Drill 관련 Data들을 모두 추출하였으니 이제 Gerber File을 추출해 본다. 아래 순서에 따라 진행하자.

①-1 아래 그림과 같이 작업 창의 메뉴에서 Manufacture→Artwork...를 선택한다.
①-2 아래 그림과 같이 툴 팔레트에서 Artwork Icon을 선택해도 된다.

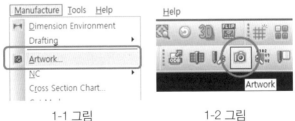

1-1 그림   1-2 그림

위의 명령이 수행되면 Artwork Control Form 창이 나타나며 아래 그림과 같이 Shape Parameter가 일치되지 않는다는 메시지가 나오는데 그냥 확인 버튼을 클릭한다.

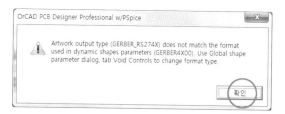

② 아래 그림과 같이 Artwork Control Form 창에서 General Parameters Tab으로 이동하여 Device type, Output units, Format 항목을 설정하고 OK 버튼을 클릭한다.

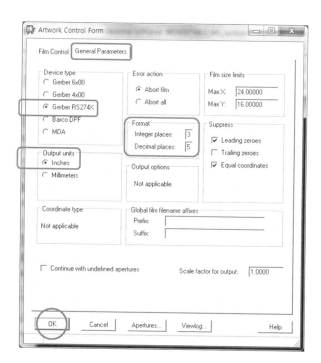

5.4 Shape의 Gerber Format 변경 및 Aperture 설정

위에서 작업을 진행하면서 Shape Parameter들의 불일치 관련 메시지들이 나왔는데 그냥 진행하였으나 이곳에서 변경을 하도록 한다.

① 아래 그림과 같이 작업 창의 메뉴에서 Shape → Global Dynamic Params..를 선택한다.

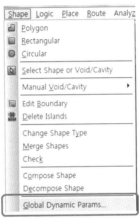

② 아래 그림과 같이 Global Dynamic Parameters 창이 나타나면 Void Tab으로 이동하여 Artwork format의 오른쪽 콤보 상자를 클릭하여 Gerber RS274X로 설정하고 OK 버튼을 클릭한다.

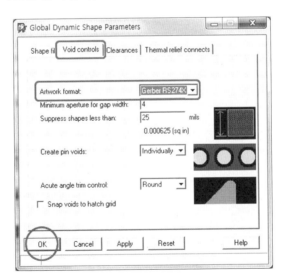

※ 참고

Gerber RS274X Format을 사용하여 작업하는 경우 Aperture 관련 정보가 각 레이어의 Gerber File에 자동으로 포함되지만, RS274D Format을 사용하는 경우에는 별도의 Aperture File이 생성되며, Aperture 관련 정보는 아래 순서에 따라 진행하여 확인해 보자.

① 작업 창의 메뉴에서 Manufacture→Artwork...를 선택하였을 때 나타나는 Artwork Control Form 창에서 아래 그림과 같이 아랫부분에 있는 Aperture 버튼을 클릭한다.

② 다음 그림과 같이 Edit Aperture Wheels 창이 나타나면 Edit 버튼을 클릭한다.

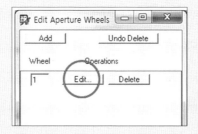

③ 아래 그림과 같이 Edit Aperture Stations 창이 나타나면 Auto 버튼을 클릭한 후 나오는 Option에서 With Rotation을 선택한다.

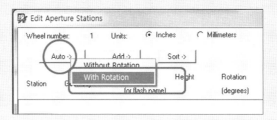

④ 위의 명령이 수행되면 다음 그림과 같이 정보들이 나오는 것을 확인하고 OK 버튼을 클릭한다.

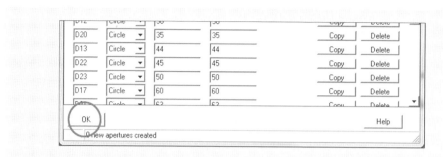

⑤ 나머지 창들도 OK 버튼을 클릭하여 닫는다.

5.5 Gerber Film 설정

이제 양면 기판 제작에 필요한 File인 Top, Bottom, Silkscreen_Top(Bottom), Soldermask_Top(Bottom), Drill_Draw Data 생성을 위해 다음 순서에 따라 진행한다.

5.5.1 Top/Bottom Film Data 생성

① 아래 그림과 같이 툴 팔레트에서 Artwork Icon을 클릭한다.

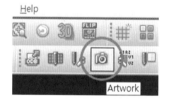

② 다음 그림과 같이 Artwork Control Form 창에서 Film Control Tab으로 이동하여 Undefined line width: 항목에 10을 입력한 다음 OK 버튼을 클릭한다. 이 항목은 PCB Editor에서 Zero Width를 가지고 있는 선들로 Text, Assembly, Silkscreen line 등에 대하여 Photoplot 될 Width를 지정하는 것이다.

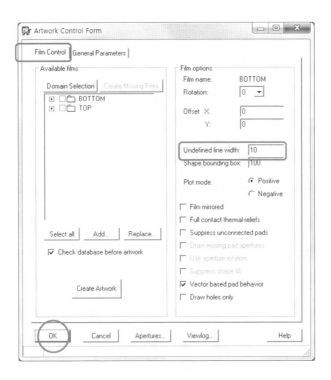

5.5.2 Silkscreen_Top Film Data 생성

이 작업에서는 부품을 Top 면에만 실장 하게 되므로 Silkscreen_Top Film Data 생성만 한다. 부품을 Bottom 면에도 실장 한 경우에는 아래 순서와 비슷하게 Bottom면에 적용하여 Silkscreen_Bottom Film Data를 생성하면 된다.

① 아래 그림과 같이 툴 팔레트에서 Color192(Ctrl+F5) Icon을 클릭한다.

② Color Dialog 창이 나타나면 오른쪽 윗부분 Global Visibility: 항목에서 Off 버튼을 클릭한다.

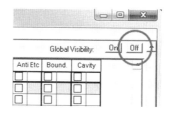

③ 아래 그림과 같이 수행 명령에 대해 확인하는 메시지가 나오면 예(Y) 버튼을
클릭한다.

④ 위의 명령 수행으로 모든 Ckeck Box가 Off 되고 그 창 아랫부분에 있는 Apply
버튼을 눌러 작업 창에 아무것도 나타나지 않는 것을 확인한다.

⑤ 아래 그림처럼 Board Geometry를 선택한 후 필요한 Subclass인 Outline과
Silkscreen_Top 두 개를 선택하고 색상을 흰색으로 지정한다.

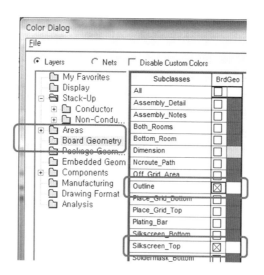

⑥ 다음 그림처럼 Package Geometry를 선택한 후 필요한 Subclass인 Silkscreen_
Top을 선택하고 색상을 흰색으로 지정한다.

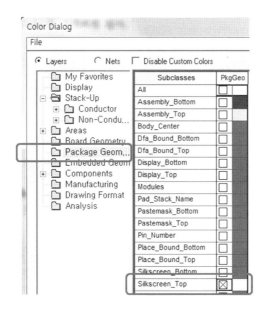

⑦ 마지막 단계로 다음 그림처럼 Components를 선택한 후 필요한 Subclass인
Silkscreen_Top의 RefDes를 선택하고 색상을 흰색으로 지정한다.

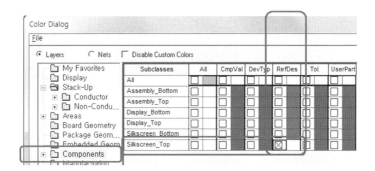

⑧ Silkscreen_Top Film Data 생성 과정이 모두 끝났으므로 Apply 버튼과 OK 버
튼을 차례로 클릭하여 오른쪽 그림과 같이 작업 창에 나타나는지를 확인한 후
다음 순서로 넘어간다.

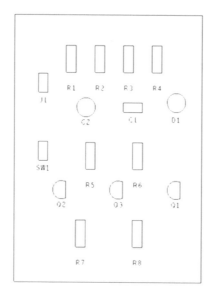

⑨ 아래 그림과 같이 툴 팔레트에서 Artwork Icon을 클릭한다.

⑩ 아래 그림과 같이 Artwork Control Form 창에서 Film Control Tab으로 이동한 후 TOP 위에서 RMB→Add를 선택한다.

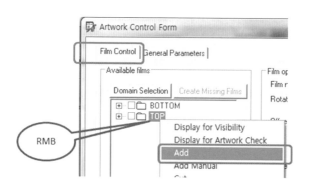

⑪ 아래 그림과 같이 Film name을 Silkscreen_Top으로 지정한 후 OK 버튼을 클릭한다. 현재 작업 창에 보이는 내용이 적용된다.

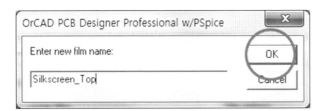

⑫ 아래 그림과 같이 Artwork Control Form 창에서 위에서 생성한 Silkscreen_Top을 선택한 후 Undefined line width: 항목에 10을 입력한 다음 OK 버튼을 클릭한다.

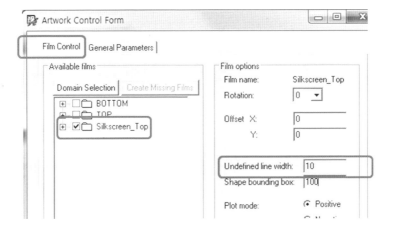

5.5.3 Soldermask_Top Film Data 생성

이 작업에서는 기판을 관통하여 실장 하는 부품을 사용하여 Top 면에만 배치하였으므로 Soldermask_Top Film Data를 생성하여도 되지만 이해를 돕기 위해 Bottom 면의 Soldermask_Bottom Film Data도 생성한다.

① 아래 그림과 같이 툴 팔레트에서 Color192(Ctrl+F5) Icon을 클릭한다.

② Color Dialog 창이 나타나면 오른쪽 윗부분 Global Visibility: 항목에서 Off 버튼을 클릭한다.

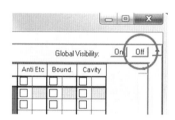

③ 아래 그림과 같이 수행 명령에 대해 확인하는 메시지가 나오면 예(Y) 버튼을 클릭한다.

④ 다음 그림처럼 Board Geometry를 선택한 후 필요한 Subclass인 Outline를 선택하고 색상을 흰색으로 지정한다.

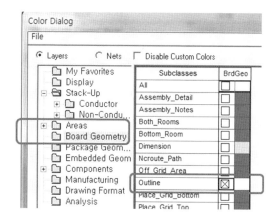

⑤ 아래 그림처럼 Stack-Up을 선택한 후 필요한 Subclass인 Soldermask_Top의 Pin과 Via 두 개 항목을 선택하고 색상을 쑥색으로 지정한다. (색상은 지정되어 있음)

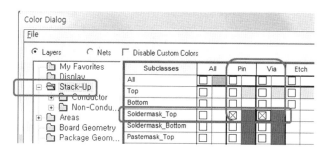

⑥ Soldermask_Top Film Data 생성 과정이 모두 끝났으므로 Apply 버튼과 OK 버튼을 차례로 클릭하여 아래 그림과 같이 작업 창에 나타나는지를 확인한 후 다음 순서로 넘어간다.

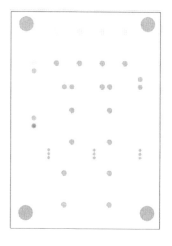

⑦ 아래 그림과 같이 툴 팔레트에서 Artwork Icon을 클릭한다.

⑧ 아래 그림과 같이 Artwork Control Form 창에서 Film Control Tab으로 이동한 후 TOP 위에서 RMB→Add를 선택한다.

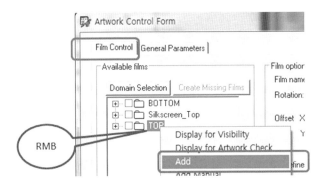

⑨ 아래 그림과 같이 Film name을 Soldermask_Top으로 지정한 후 OK 버튼을 클릭한다. 현재 작업 창에 보이는 내용이 적용된다.

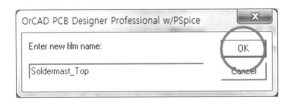

⑩ 다음 그림과 같이 Artwork Control Form 창에서 위에서 생성한 Soldermask_Top을 선택한 후 Undefined line width: 항목에 10을 입력한 다음 OK 버튼을 클릭한다.

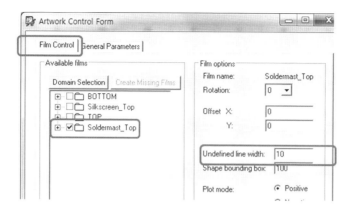

5.5.4 Soldermask_Bottom Film Data 생성

① 아래 그림과 같이 툴 팔레트에서 Color192(Ctrl+F5) Icon을 클릭한다.

② Color Dialog 창이 나타나면 오른쪽 윗부분 Global Visibility: 항목에서 Off 버튼
을 클릭한다.

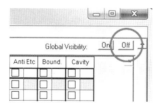

③ 아래 그림과 같이 수행 명령에 대해 확인하는 메시지가 나오면 예(Y) 버튼을
클릭한다.

④ 아래 그림처럼 Board Geometry를 선택한 후 필요한 Subclass인 Outline를 선택하고 색상을 흰색으로 지정한다.

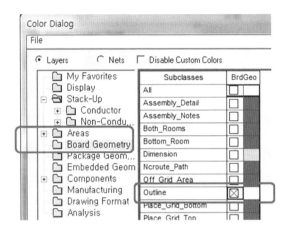

⑤ 아래 그림처럼 Stack-Up을 선택한 후 필요한 Subclass인 Soldermask_Bottom의 Pin과 Via 두 개 항목을 선택하고 색상을 쑥색으로 지정한다. (색상은 지정되어 있음)

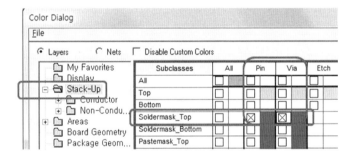

⑥ Soldermask_Bottom Film Data 생성 과정이 모두 끝났으므로 Apply 버튼과 OK 버튼을 차례로 클릭하여 다음 그림과 같이 작업 창에 나타나는지를 확인한 후 다음 순서로 넘어간다.

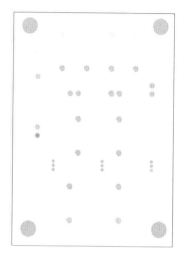

⑦ 아래 그림과 같이 툴 팔레트에서 Artwork Icon을 클릭한다.

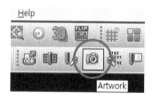

⑧ 아래 그림과 같이 Artwork Control Form 창에서 Film Control Tab으로 이동한
후 BOTTOM 위에서 RMB→Add를 선택한다.

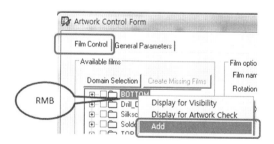

⑨ 아래 그림과 같이 Film name을 Soldermask_Bottom으로 지정한 후 OK 버튼을
클릭한다. 현재 작업 창에 보이는 내용이 적용된다.

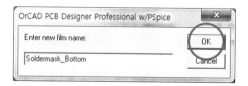

⑩ 아래 그림과 같이 Artwork Control Form 창에서 위에서 생성한 Soldermask_
Bottom을 선택한 후 Undefined line width: 항목에 10을 입력한 다음 OK 버튼
을 클릭한다.

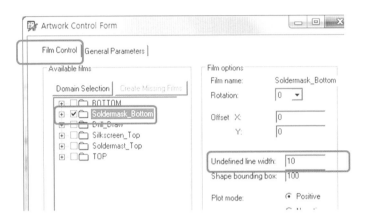

5.5.5 Drill Draw Film Data 생성

① 아래 그림과 같이 툴 팔레트에서 Color192(Ctrl+F5) Icon을 클릭한다.

② Color Dialog 창이 나타나면 오른쪽 윗부분 Global Visibility: 항목에서 Off 버튼
을 클릭한다.

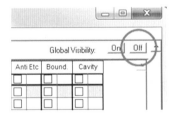

③ 다음 그림과 같이 수행 명령에 대해 확인하는 메시지가 나오면 예(Y) 버튼을
클릭한다.

④ 아래 그림처럼 Board Geometry를 선택한 후 필요한 Subclass인 Dimension과 Outline를 선택한다. 색상은 연두색, 흰색으로 지정되어 있고 필요시 다시 지정한다.

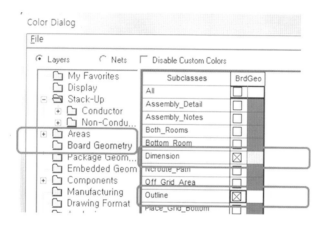

⑤ 아래 그림처럼 Manufacturing을 선택한 후 필요한 Subclass인 Ncdrill_Figure, Ncdrill_Legend 그리고 Nclegend-1-2 세 개의 항목을 선택한다. 색상을 쑥색으로 지정되어 있고 필요시 다시 지정한다.

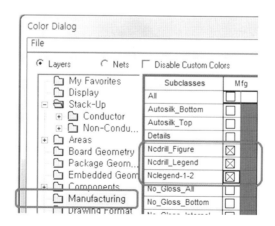

⑥ Drill Draw Film Data 생성 과정이 모두 끝났으므로 Apply 버튼과 OK 버튼을 차례로 클릭하여 아래 그림과 같이 작업 창에 나타나는지를 확인한 후 다음 순서로 넘어간다.

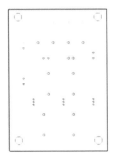

⑦ 아래 그림과 같이 툴 팔레트에서 Artwork Icon을 클릭한다.

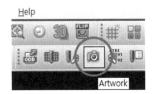

⑧ 아래 그림과 같이 Artwork Control Form 창에서 Film Control Tab으로 이동한 후 TOP 위에서 RMB→Add를 선택한다.

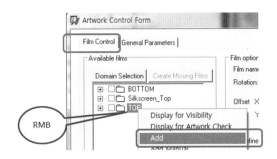

⑨ 아래 그림과 같이 Film name을 Drill_Draw로 지정한 후 OK 버튼을 클릭한다. 현재 작업 창에 보이는 내용이 적용된다.

⑩ 아래 그림과 같이 Artwork Control Form 창에서 위에서 생성한 Drill_Draw를 선택한 후 Undefined line width: 항목에 10을 입력한 다음 OK 버튼을 클릭한다.

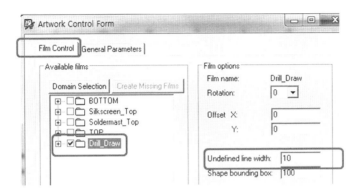

5.6 Gerber Film 추출

지금까지 필요한 Gerber Film Data 생성을 하였고, PCB 제작 업체에 보낼 Data를 추출해야 하는데 다음 순서에 따라 진행한다.

① 아래 그림과 같이 툴 팔레트에서 Artwork Icon을 클릭한다.

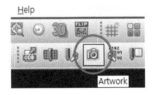

② 다음 그림과 같이 Artwork Control Form 창에서 Film Control Tab으로 이동한 후 Select all 버튼을 클릭한 후 버튼 위에 모두 선택된 것이 확인되면 창 아래쪽에 있는 Create Artwork 버튼을 클릭한다.

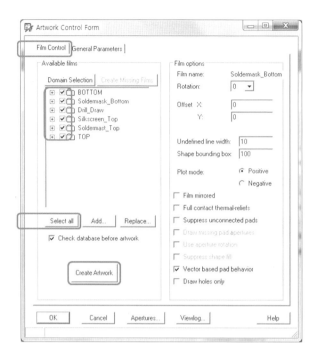

③ Artwork Film들이 생성되는 동안 아래 그림과 같은 창이 나타난다.

④ 모든 작업이 정상적으로 완료되었고 OK 버튼을 클릭하여 Artwork Control Form 창을 닫고 작업 창에서 File→Save 후 File→Exit를 선택하여 종료한다.

⑤ 생성된 파일들은 처음에 지정한 project01 폴더 아래의 allegro 폴더 내에 아래 그림과 같이 저장되었다.

PART

06

쉽게 배우는 PCB Artwork OrCAD Ver 16.6

99진 계수기 회로(4-Layer)

이번 장에서는 IC 등이 포함되고 앞 장의 회로보다 좀 더 복잡한 99진 계수기 회로를 두 장으로 나누어 그려 보고 4층 기판 설계를 할 수 있도록 구성하였다.

6.1 회로도

이번에 따라 하면서 진행할 회로도는 아래와 같으며 순서에 따라 진행하도록 한다.

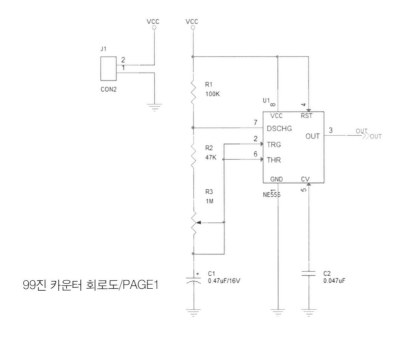

99진 카운터 회로도/PAGE1

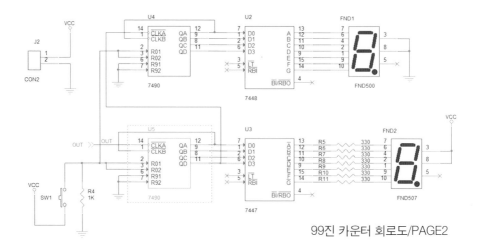

99진 카운터 회로도/PAGE2

6.2 새로운 프로젝트 시작

① OrCAD Capture를 실행하여 초기 화면 상태로 들어간다.

② 아래 그림과 같이 File→New→Project…를 선택한다.

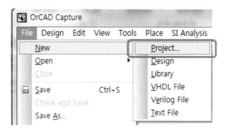

③ 다음 그림과 같이 New Project 창이 나타나면 Name란에 "counter_99"라고 입력하고, Create a New Project Using에서 Schematic을 선택한다. 그리고 작성된 Project를 저장하기 위하여 아래 그림에서 Browse… 버튼을 클릭한다.

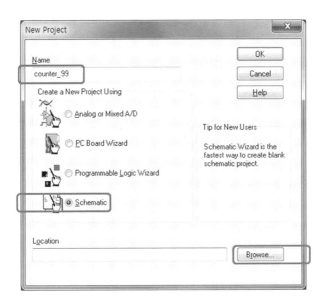

④ 아래 그림과 같이 Select Directory 창이 나오게 되는데 설계자의 시스템 환경에 맞게 저장 장소를 선택할 수 있지만, 여기에서는 d 드라이브에 새로운 Directory(폴더)를 만들어 보도록 한다.

⑤ 위의 창에서 Directories: 아래의 탐색기에서 d:\를 더블클릭하여 d 드라이브가 지정된 것을 확인한 후 Create Dir... 버튼을 클릭한다.

⑥ 다음 그림과 같이 Create Directory 창이 나오면 Current Directory: d:\를 다시 확인한 후 Name란에 "project02"이라고 입력한 후 OK 버튼을 클릭한다.

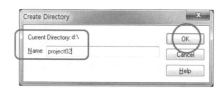

⑦ 아래 그림과 같이 Select Directory 창의 탐색기에 생성된 project02 Directory를 확인한 다음 해당 Directory를 더블클릭하여 경로가 d:\project02로 된 것을 다시 확인한 후 OK 버튼을 클릭한다.

⑧ 아래 그림과 같이 처음의 New Project 창으로 오게 되는데 Location란에 위에서 지정한 경로 설정이 된 것을 확인한 후 OK 버튼을 클릭한다.

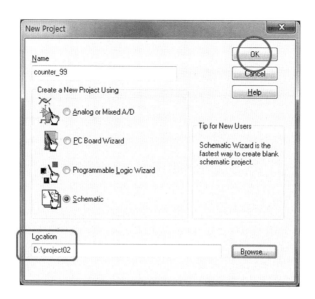

⑨ 아래 그림과 같이 위에서 지정한 Project Manager와 회로도 작성을 위한 Page1
이 기본 화면에 추가되어 나타나게 된다.

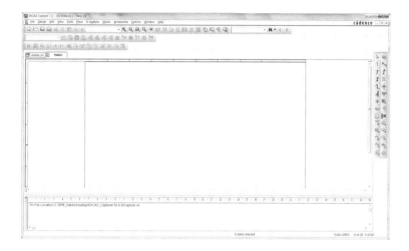

⑩ Project Manager로 이동하여 아래 그림과 같이 탐색기를 열어 보면 PAGE1이
보이는데 이것이 회로도를 설계하는 페이지이다.

⑪ 아래 그림의 PAGE1 이름이 있는 창의 위쪽 적당한 곳을 더블클릭한다.

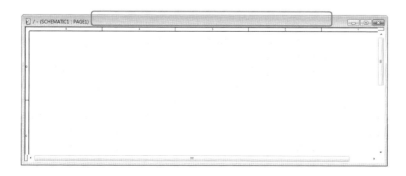

⑫ 작업 창에서 Project Manager로 이동한다.

6.3 평면도면 추가

이번 작업의 경우 두 개의 도면으로 된 평면도면을 작성하는 방법을 설명하고 있으니 순서에 따라 진행한다.

① 아래 그림과 같이 Project Manager의 SCHEMATIC1 위에서 RMB→New Page를 선택한다.

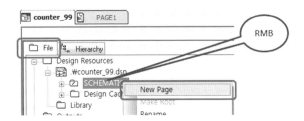

② 아래 그림과 같이 Name: 란에 PAGE2(필요시 변경)를 확인하고 OK 버튼을 클릭한다.

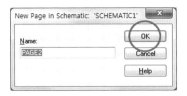

③ 아래 그림과 같이 추가된 PAGE2가 보인다.

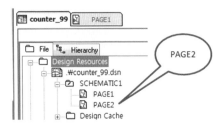

6.4 환경 설정

6.4.1 Grid 설정

① PAGE1을 선택하고, 아래 그림과 같이 작업 창의 메뉴에서 Options → Preference...를 선택한다.

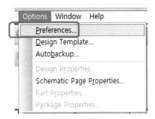

② 아래 그림과 같이 Preference 창이 나타나면 Grid Display Tab을 클릭한 후 Schematic Page Grid 쪽의 Grid Style에서 Lines 항목을 선택한 다음 확인 버튼을 클릭한다.

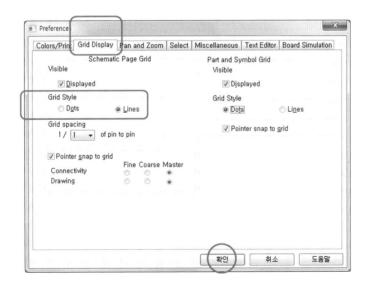

③ 다음 그림과 같이 편집 창의 Grid가 바둑판 모양으로 되어 있는 것을 확인할 수 있다.

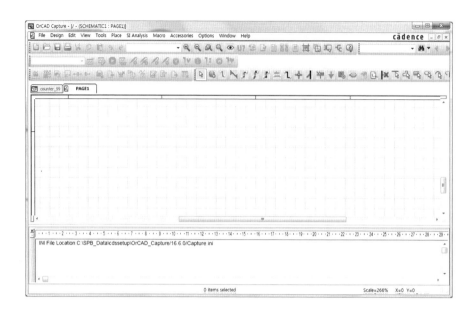

6.4.2 자동 복원 설정

설계자가 작업 중 시스템 이상으로 인하여 사용하던 프로그램이 비정상적으로 종료되는 경우 복원할 수 있도록 설정하는 것이다.

① 아래 그림과 같이 작업 창의 메뉴에서 Options→Preference...를 선택한다.

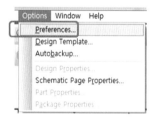

② 다음 그림과 같이 Preferences 창에서 Mecellaneous Tab으로 이동하여 Auto Recovery 항목의 Check Box를 On 하고 Update되는 시간도 설정할 수 있다. 이는 설계자 취향에 따라 선택할 수 있는 것이다. OK 버튼을 클릭한다.

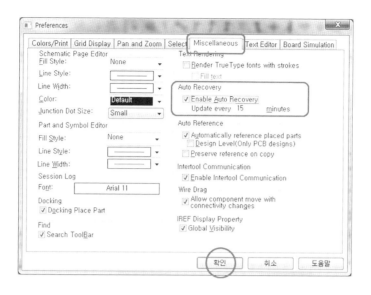

6.4.3 Auto Backup 설정

① 아래 그림과 같이 작업 창의 메뉴에서 Options→Autobackup...을 선택한다.

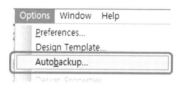

② 아래 그림과 같이 기본적인 Backup을 사용하거나 설계자가 다시 지정할 수도 있고, Browse...버튼을 클릭하여 Backup Directory를 지정한다. 이 경우는 매 10분마다 3개의 File을 Backup하고 Backup Directory는 d:\project02이다.

6.4.4 Sheet Size 설정

① 현재의 작업 창에 바로 Option을 적용하기 위해 아래 그림과 같이 화면의 PAGE1이 활성화된 상태에서 메뉴의 Options→Schematic Page Properties...를 선택한다.

② 아래 그림과 같이 Schematic Page Properties 창의 Page Size Tab을 선택한 다음 원하는 Option을 선택한 다음 확인 버튼을 클릭하면 현재 작업 중인 PAGE1에 바로 적용된다.

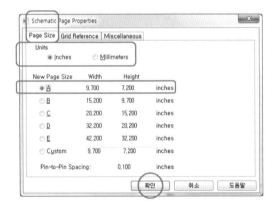

6.5 회로도 작성(PAGE1)

이번 작업은 PAGE1과 PAGE2로 되어 있는 회로도 중 PAGE1 회로를 대상으로 하기에 필요시 화면의 Project Manager 창에서 SCHEMATIC1 아래의 PAGE1을 더블클릭하여 PAGE1을 활성화시킨다.

6.5.1 Library 추가

이번 작업에서도 Capture에서 기본적으로 제공하는 Library를 사용하고 Library 관련 다른 작업들은 뒷부분에서 추가하여 다루기로 한다.

① 아래 그림과 같이 툴 팔레트에서 Place Part (P) Icon을 선택해도 된다.

② 아래 그림과 같이 Place Part 창이 나타나면 중간 부분 Libraries: 있는 곳의 오른쪽으로 마우스를 가져가면 Add Library(Alt+A)라고 나타나는 곳을 클릭한다. (Library가 설치되어 있다면 6.5.2 부품 배치로 넘어간다.)

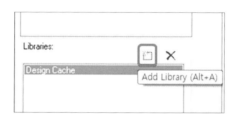

③ 아래 그림과 같이 Browse File 창이 나타나면 경로를 참고하여 Library Directory를 지정해 준다.

④ 경로 지정이 되면 기본적으로 제공되는 library들이 나타나는데 아래 그림과 같이 파일들이 있는 곳에서 Ctrl+A를 눌러 전체를 선택한 후 열기 버튼을 클릭한다.

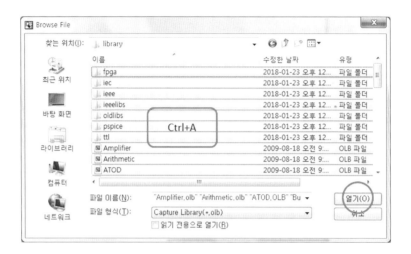

⑤ 아래 그림과 같이 library가 추가된 것을 볼 수 있다. 이제부터 회로도를 보며 부품을 배치하는 과정으로 넘어가자.

6.5.2 부품 배치

① 아래 그림과 같이 Place Part 창에서 Libraries: 항목이 모두 선택된 채로 NE555
IC를 배치하기 위해 Part 아래 빈칸에 영문자 ne555(대소문자 구분 없음)를 입
력하면 자동으로 선택되고 아래의 미리보기 창에 Part의 모양을 보여준다. 회
로도에 있는 심벌과 핀 방향 등이 다르게 나타나는데 우선 배치한 후 뒷부분에
서 심벌을 회로도의 핀 위치에 맞게 수정하여 작업할 것이다.

② ne555 입력 후 Enter Key를 치고 회로도를 보며 마우스를 클릭하여 배치한다.
(배치 후 Esc Key를 누른다. 이하 생략)

③ 마찬가지로 저항을 배치하기 위하여 r을 입력한 후 아래 그림처럼 미리보기
창에서 확인한 다음 Enter Key를 치고 회로도를 보며 마우스를 클릭하여 배치
한다.

④ 마찬가지로 2-Pin Connector를 배치하기 위하여 con2를 입력한 후 아래 그림
처럼 미리보기 창에서 확인한 다음 Enter Key를 치고 회로도를 보며 마우스를
클릭하여 배치한다. RMB→Mirror Hrizontally를 이용한다.

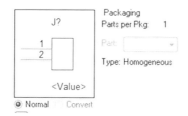

⑤ 마찬가지로 전해 콘덴서를 배치하기 위하여 cap pol을 입력한 후 아래 그림처럼 미리보기 창에서 확인한 다음 Enter Key를 치고 회로도를 보며 마우스를 클릭하여 배치한다.

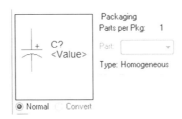

⑥ 마찬가지로 콘덴서를 배치하기 위하여 cap np를 입력한 후 아래 그림처럼 미리보기 창에서 확인한 다음 Enter Key를 치고 회로도를 보며 마우스를 클릭하여 배치한다.

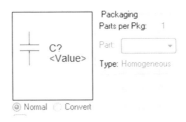

⑦ 마찬가지로 가변저항을 배치하기 위하여 resister var을 입력한 후 아래 그림처럼 미리보기 창에서 확인한 다음 Enter Key를 치고 회로도를 보며 마우스를 클릭하여 배치한다. RMB→Rotate를 이용한다.

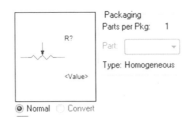

6.5.3 Power/Ground 심벌 배치

필요한 부품들을 배치한 후 회로도에 사용되는 전원 공급을 하기 위해 Power와 Ground 심벌을 배치하여야 한다.

① 아래 그림과 같이 툴 팔레트에서 Place Power (F) Icon을 선택한다.

② 아래 그림과 같이 Place Power 창이 나타나면 Symbol란에 VCC를 입력하고 그 아래에서 원하는 심벌을 클릭하여 바로 오른쪽 미리보기 창에서 심벌을 확인한 후 OK 버튼을 클릭한다.

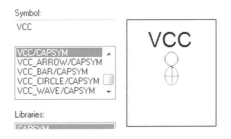

③ 회로도를 보며 적당한 위치에 Power 2개를 배치한 다음 Esc Key를 누른다.
④ 아래 그림과 같이 툴 팔레트에서 Place Ground (G) Icon을 선택한다.

⑤ 다음 그림과 같이 Place Ground 창이 나타나면 Symbol란에 GND를 입력하고 그 아래에서 원하는 심벌을 클릭하여 바로 오른쪽 미리보기 창에서 심벌을 확인한 후 OK 버튼을 클릭한다.

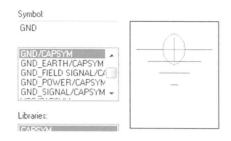

⑥ 회로도를 보며 적당한 위치에 Ground 4개를 배치한 다음 Esc Key를 누른다.

이제 회로도에 있는 모든 부품과 Power, Ground를 모두 배치하였으므로 부품 편집을 한 후 배선 작업을 시작하자.

6.5.4 부품 편집

앞에서 NE555 부품의 핀 배치가 Library에서 제공되는 것과 회로도에 사용되는 것이 같지 않아 수정하여 사용할 필요성을 설명하였다. 다음 순서에 따라 진행하자.

① 아래 그림과 같이 위에서 배치한 NE555 부품을 클릭한 다음 RMB → Edit Part를 선택한다.

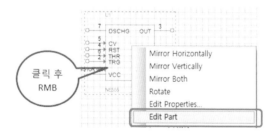

② 부품 편집 창이 나타나면 아래 그림과 같이 툴 팔레트에서 Select Icon을 선택한다.

③ 마우스 휠을 스크롤하여 심벌을 화면의 중간 부분으로 위치시킨다.

④ 아래 그림과 같이 심벌 아랫부분의 원으로 되어 있는 곳을 클릭한 다음 RMB→ Edit Properties…를 선택한다.

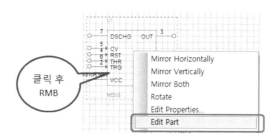

⑤ 아래와 같이 Pin Properties 창이 나타나면 Shape → Line, Pin Visible 항목의 Check Box On을 하고 OK 버튼을 누른다.

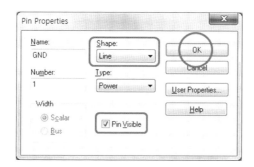

⑥ 아래 그림과 같이 핀 이름, 핀 모양 그리고 핀 번호가 표시되어 나오는지 확인하고 다음 순서로 간다.

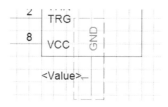

⑦ 다음 그림과 같이 핀을 클릭, 드래그하여 이동 배치하고, VCC 등 핀 이름은 클릭 후 RMB→Ratate를 이용하여 배치한다. Value 값도 오른쪽으로 이동 배치한다.

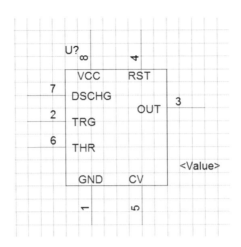

⑧ 원하는 작업이 다 되었으면 아래 그림과 같이 화면의 우측 창 닫기 버튼을 클
릭한다.

⑨ 아래 그림과 같이 Save Part Instance 창이 나타나면 Update Current 버튼을 클
릭하여 수정한 내용이 반영되도록 한다.

⑩ Undo Warning 창이 나타나면 Yes 버튼을 클릭한다.

6.5.5 Off-Page 배치

이번 작업은 PAGE1과 PAGE2를 가지고 진행하므로 각 PAGE간 신호선을 연결할
수 있는 심벌 사용에 대하여 알아본다.

① 아래 그림처럼 작업 창의 메뉴에서 Place→Off-Page Connector...를 선택하거나 툴 팔레트에서 Place off-page connector Icon을 클릭한다.

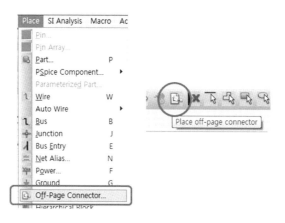

② 아래 그림과 같이 Place Off-Page Connector 창이 나타나면 OFFPAGELEFT-R을 선택한 후 미리보기 창을 확인한 다음 OK 버튼을 클릭한다.

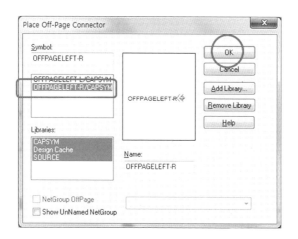

③ 아래 그림과 같이 심벌이 마우스에 붙어 나타나는데 원하는 배치를 위해 RMB →Mirror Horizontally를 선택하여 배치한 후 Esc Key를 누른다.

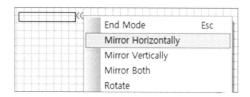

④ 필요한 경우 회로도를 보고 부품을 다시 배치한다.

⑤ 아래 그림은 최종적으로 배치된 것을 보여준다.

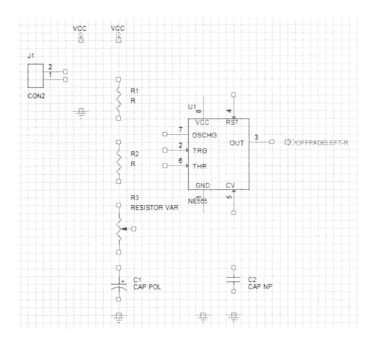

6.5.6 배선

① 아래 그림과 같이 툴 팔레트에서 Place Wire (W) Icon을 선택한다.

② 아래 그림과 같이 Zoom to all Icon을 클릭하여 회로도 전체 보기로 한다.

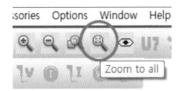

③ 아래 그림과 같이 Zoom to region Icon을 클릭하여 회로도의 일부분 보기 설정 준비를 하여 배선할 영역을 정하고 배선을 완료한다.

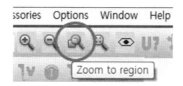

④ 배선이 다 되었으면 Esc Key를 누른다.

⑤ 최종 배선을 마친 회로도가 아래 그림에 있다.

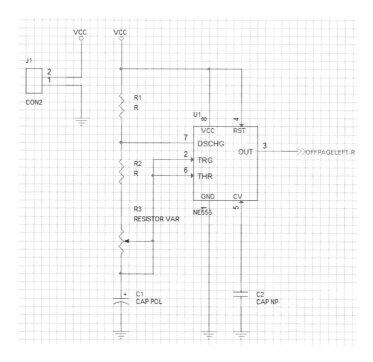

6.5.7 부품값 편집

① 부품번호 R1의 부품값 R을 더블클릭한 후 Display Properties 창의 Value란에
부품값 100K를 입력한 후 Enter Key를 치거나 OK 버튼을 클릭한다.
② 위와 같은 방법으로 회로도를 보고 각 부품들에 대하여 값을 입력한다.
③ 아래 그림은 부품값 지정 후의 회로도이다.

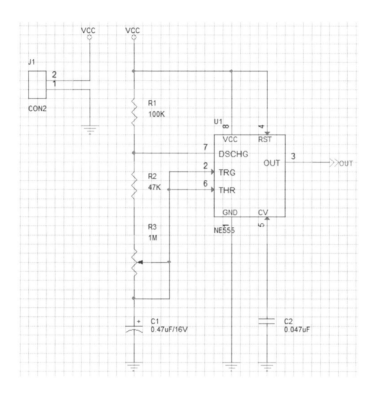

6.5.8 Net Alias 작성

이 작업은 PCB 설계를 할 때 Design Rule 등에 적용하기 쉽게 하기 위하여 Net에
부여하는 것이며 설계자의 의도에 따라 특정한 Net에 대하여 지정하는 것이다.

① 다음 그림처럼 작업 창의 메뉴에서 Place→Net Alias...를 선택하거나 툴 팔레
트에서 Place net alias(N) Icon을 클릭한다. 단축키로 N을 눌러도 된다.

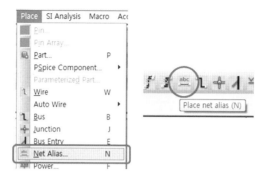

② 아래 그림과 같이 Place Net Alias 창이 나타나면 빈칸에 OUT을 입력한 후 OK
   버튼을 클릭한다.

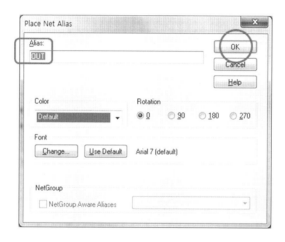

③ 마우스에 Alias가 붙은 채로 나타나게 되는데 지정하고 싶은 Net, 여기서는
   NE555의 3번 핀인 OUT Net 위에서 클릭하여 지정하고 Esc Key를 누르면 아래
   그림과 같이 지정된다.

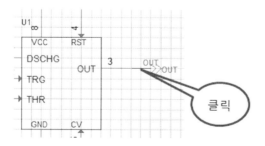

6.6 Library 및 Part 만들기(Capture)

이번 작업에서는 새로운 Library를 만들고 7-Segment Display(FND) 부품을 가지고 데이터시트를 활용하여 회로도용 심벌과 PCB용 Part를 만들어 보면서 데이터시트 활용에 대한 이해력을 높이고 필요시 새로운 Part들을 만들어 사용할 수 있는 능력을 갖출 수 있도록 하는 중요한 작업이다.

6.6.1 New Library 만들기

① 아래 그림과 같이 작업 창의 메뉴에서 File→New→Library를 선택한다.

② 아래 그림과 같이 Add to Project 창에 현재 작업 중인 경로가 표시되어 나타나는데 그대로 진행할 것이므로 OK 버튼을 클릭한다.

③ 위 작업이 수행되면 아래 그림과 같이 Project Manager 창에서 만들어진 Library를 볼 수 있다.

6.6.2 FND 500/507 만들기

아래 그림은 FND의 Pin 정보와 회로도에서 연결될 7447(7448) 심벌의 핀 배치이다. 7447 IC의 출력이 FND의 입력과 연결되도록 회로도를 작성하려고 하니 FND의 심벌의 왼쪽에 입력 핀들을 배치하는 개념을 가지고 FND500 심벌을 만든다.

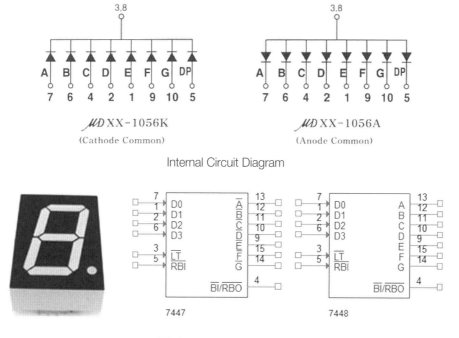

FND 외형과 7447/7448 심벌의 핀 배치도

① 아래 그림과 같이 Project Manager에서 새로 만든 Library를 클릭한 후 RMB→ New Part를 선택한다.

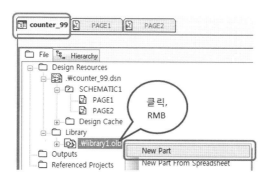

② 아래 그림과 같이 New Part Properties 창에서 Name: FND1056, Part References Prefix: FND를 입력하고 OK 버튼을 클릭한다.

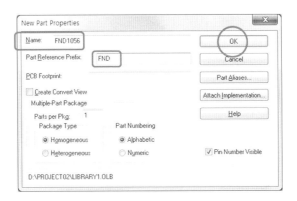

※ 참고

Name

Specify the part's name. This is used as the default part value when the part is placed on a schematic page. Part names can be up to 31 characters long.

Part Reference Prefix

Specify the part reference prefix, such as "C" for capacitor or "R" for resistor. For example:

C?1(capacitor)

R?1 (resistor)

PCB Footprint

Specify the PCB name to be included for this part in the netlist. Contains a value for a device consisting of zero or more pads, other objects, and a name.

Create Convert View

Specify whether the part has a convert. You might use the convert to define a DeMorgan equivalent. A part with this option specified will have two views (a normal and a convert) you can switch between once the part is placed.

Multiple-Part Package

Parts per Pkg

If there are multiple parts in the package, specify the number of parts in the package.

Package Type

If the part is a package, specify whether all the parts in the package have the same graphical representation (homogeneous) or different graphical representations (heterogeneous).

Note: The package type can only be set at creation time. These options are not available when you edit the part later.

You should not cut and paste parts between homogeneous and heterogeneous packages.

Part Numbering

If the part is a multiple-part package, specify whether parts in the package are identified by letter or number. For example:

U?A (alphabetic)

U?1 (numeric)

Part Aliases

Display the Part Aliases dialog box to add or remove aliases. Part aliases show up in a library represented by the part symbol with a horizontal line through the center.

Attach Implementation

Display the Attach Implementation dialog box so you can attach a schematic folder to create hierarchy. You must specify the schematic folder's name, but you only need to specify the schematic folder's library or path name if the schematic folder is not in the current project.

Pin Number Visible

Specify whether the pin number (s) for the part should be displayed when you open the part in the Part editor window or view the part in the package view.

③ 아래 그림과 같이 Pin 등을 배치할 수 있는 사각형이 나타나면 모서리를 클릭
하여 선택한 후 아래 방향으로 3칸 드래그한다.

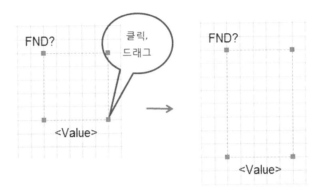

④ 아래 그림과 같이 작업 창의 메뉴에서 Place→Pin...을 선택하거나 툴 팔레트
에서 Place pin Icon을 클릭한다.

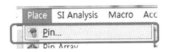 

⑤ 아래 그림과 같이 Place Pin 창이 나타나면 데이터시트를 참조하여 Name: A,
Number: 7을 입력하고 Shape: Line, Type: Passive로 설정한 다음 OK 버튼을
클릭한다.

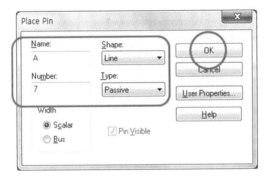

⑥ 마우스에 Pin이 붙은 채로 나타나고 다음 그림과 같이 작업 창에서 원하는 위치
에 클릭하여 배치한 후 Esc Key를 누른 다음 다시 Place Pin Icon을 선택한다.

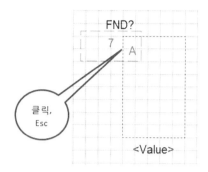

⑦ 다시 Place Pin 창이 나오면 위에서 진행한 순서대로 나머지 Pin들도 아래 그림
처럼 배치하고 마지막 Pin을 배치한 후 Esc Key를 두 번 누른다.

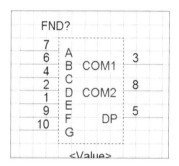

⑧ 이제 Pin Name은 보이지 않게 설정하고 대신 그래픽을 그려 넣기 위하여 아래
순서에 따라 진행한다.

⑨ 아래 그림과 같이 작업 창의 메뉴에서 Option → Part Properties...를 선택하거
나 작업 창의 빈 공간을 더블클릭한다.

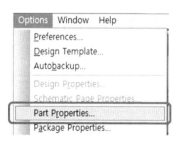

⑩ 다음 그림과 같이 User Properties 창이 나타나면 PinNameVisible을 클릭한 후
아래의 콤보상자를 열어 False를 선택한 다음 OK 버튼을 클릭한다.

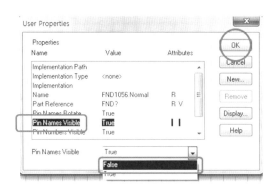

⑪ 아래 그림과 같이 Pin Name이 보이지 않게 나타난다.

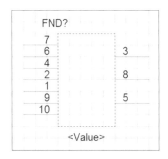

⑫ 그래픽을 그리기 위해 아래 그림과 같이 작업 창의 메뉴에서 Place→Rectangle
을 선택하거나 툴 팔레트에서 Place rectangle Icon을 클릭한다.

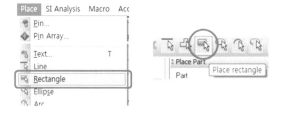

⑬ 아래 그림과 같이 작업 창의 심벌에 사각형 점선으로 표시된 영역대로 클릭,
드래그하여 사각형을 그린 후 Esc Key를 두 번 누른다.

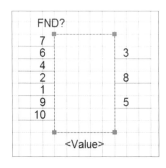

⑭ Graphic을 세밀하게 그리기 위해 아래 그림과 같이 툴 팔레트의 Snap To Grid Icon을 클릭하여 적색으로 표시되도록 한다.

⑮ 아래 그림과 같이 작업 창의 메뉴에서 Place→Line을 선택하거나 툴 팔레트에서 Place line Icon을 클릭한다.

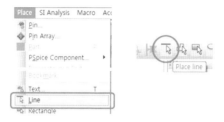

⑯ 아래 그림과 같이 Line을 그린 다음 Esc Key를 두 번 누른 후 Line을 더블클릭하면 Edit Graphic 창이 나오는데 Line Width의 콤보 상자를 열어 Line을 굵은 것으로 지정한 후 OK 버튼을 클릭한다.

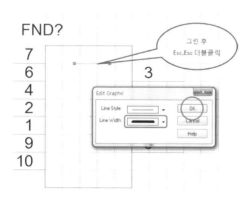

⑰ 다음 그림과 같이 위에서 그린 굵은 선이 선택된 상태에서 Ctrl+C(복사하기), Ctrl+V(붙여넣기), Ctrl+V(붙여넣기)를 하여 아래에 위치시킨 다음 Esc Key를 누른다.

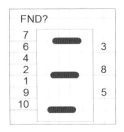

⑱ 다시 툴 팔레트에서 Place line Icon을 활성화시킨 후 아래 그림처럼 사선으로 Line을 그린 후 Esc Key를 두 번 누른 후 Line을 더블클릭한 다음 Line을 굵게 지정하고 Ctrl+C(복사하기), Ctrl+V(붙여넣기)를 여러 번 하여 아래 그림처럼 배치한 다음 Esc Key를 누른다.

⑲ FND의 Dot Point를 그리기 위해 툴 팔레트에서 오른쪽 그림과 같이 Place ellipse Icon을 클릭한다.

⑳ 아래 그림처럼 Shift Key를 누른 채로 클릭, 드래그하여 원을 그린 다음 Esc Key를 두 번 누른다.

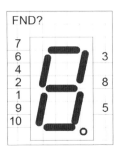

㉑ 다시 원을 더블클릭한 후 아래 그림처럼 Edit Filled Graphic 창에서 Fill Style →
  Solid, Line Width: 굵은 선을 선택하고 OK 버튼을 누른다.

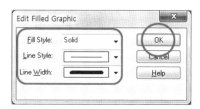

㉒ 아래 그림은 완성된 FND 심벌이다.

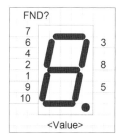

㉓ 툴 팔레트에서 Snap To Grid Icon을 다시 클릭하여 원래의 상태로 한다.

㉔ 작업 창의 메뉴에서 File → Save를 하여 저장한다.

㉕ 아래 그림과 같이 만든 부품을 확인할 수 있다.

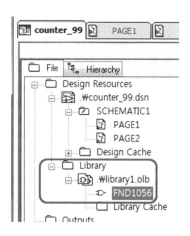

6.7 회로도 작성(PAGE2)

PAGE2의 회로도 작성을 위해 Project Manager 창으로 이동하여 아래 그림과 같이 SCHEMATIC1 아래의 PAGE2을 더블클릭하여 PAGE2를 활성화시킨다.

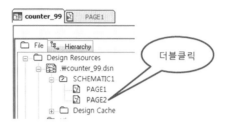

6.7.1 부품 배치

① 아래 그림과 같이 Place Part 창에서 Librarics: 항목이 모두 선택된 채로 SN7448 IC를 배치하기 위해 Part 아래 빈칸에 7448을 입력한 후 아래 그림처럼 미리보기 창에서 확인한 다음 Enter Key를 치고 회로도를 보며 마우스를 클릭하여 배치한다.

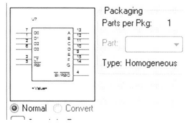

② 마찬가지로 SN7447 IC를 배치하기 위하여 7447을 입력한 후 아래 그림처럼 미리보기 창에서 확인한 다음 Enter Key를 치고 회로도를 보며 마우스를 클릭하여 배치한다.

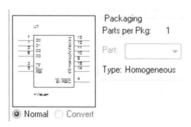

③ 마찬가지로 SN7490 IC를 배치하기 위하여 r을 입력한 후 아래 그림처럼 미리보기 창에서 확인한 다음 Enter Key를 치고 회로도를 보며 마우스를 클릭하여 배치한다.

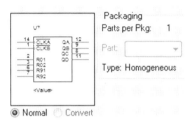

④ 마찬가지로 2-Pin Connector를 배치하기 위하여 con2를 입력한 후 아래 그림처럼 미리보기 창에서 확인한 다음 Enter Key를 치고 회로도를 보며 마우스를 클릭하여 배치한다. RMB→Mirror Horizontally를 이용한다.

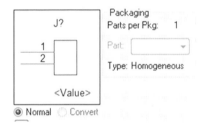

⑤ 마찬가지로 저항을 배치하기 위하여 r을 입력한 후 아래 그림처럼 미리보기 창에서 확인한 다음 Enter Key를 치고 회로도를 보며 마우스를 클릭하여 배치한다. 필요시 RMB→Rotate를 사용한다.

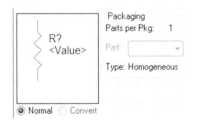

⑥ 마찬가지로 Pushbutton Switch를 배치하기 위하여 sw pushbutton를 입력한 후 다음 그림처럼 미리보기 창에서 확인한 다음 Enter Key를 치고 회로도를 보며 마우스를 클릭하여 배치한다. 필요시 RMB→Rotate를 사용한다.

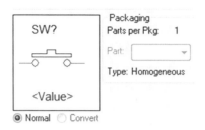

⑦ 마찬가지로 FND를 배치하기 위하여 fnd를 입력한 후 아래 그림처럼 미리보기 창에서 확인한 다음 Enter Key를 치고 회로도를 보며 마우스를 클릭하여 배치한다. 필요시 RMB→Rotate를 사용한다.

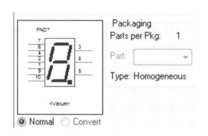

6.7.2 Power/Ground 심벌 배치

필요한 부품들을 배치한 후 회로도에 사용되는 전원 공급을 하기 위해 Power와 Ground 심벌을 배치하여야 한다.

① 아래 그림과 같이 툴 팔레트에서 Place Power (F) Icon을 선택한다.

② 다음 그림과 같이 Place Power 창이 나타나면 Symbol 란에 VCC를 입력하고 그 아래에서 원하는 심벌을 클릭하여 바로 오른쪽 미리보기 창에서 심벌을 확인한 후 OK 버튼을 클릭한다.

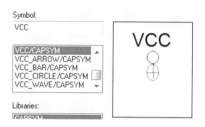

③ 회로도를 보며 적당한 위치에 Power 3개를 배치한 다음 Esc Key를 누른다.

④ 아래 그림과 같이 툴 팔레트에서 Place Ground (G) Icon을 선택한다.

⑤ 아래 그림과 같이 Place Ground 창이 나타나면 Symbol란에 GND를 입력하고
   그 아래에서 원하는 심벌을 클릭하여 바로 오른쪽 미리보기 창에서 심벌을 확
   인한 후 OK 버튼을 클릭한다.

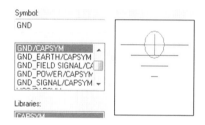

⑥ 회로도를 보며 적당한 위치에 Ground 5개를 배치한 다음 Esc Key를 누른다.

이제 회로도에 있는 모든 부품과 Power, Ground를 모두 배치하였으므로 Off-Page를 배치한 후 배선 작업을 시작하자.

6.7.3 Off-Page 배치

위의 PAGE1 회로도에서 Off-Page를 사용하였으므로 PAGE2 회로도에도 신호 연결을 위한 Off-Page를 배치하여야 한다.

① 아래 그림처럼 작업 창의 메뉴에서 Place→Off-Page Connector…를 선택하거나 툴 팔레트에서 Place off-page connector Icon을 클릭한다.

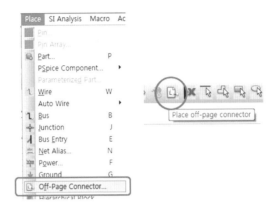

② 아래 그림과 같이 Place Off-Page Connector 창이 나타나면 OFFPAGELEFT-L을 선택한 후 미리보기 창을 확인한 다음 OK 버튼을 클릭한다.

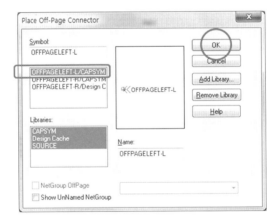

③ 아래 그림과 같이 심벌이 마우스에 붙어 나타나는데 원하는 배치를 위해 RMB →Mirror Horizontally를 선택하여 배치한 후 Esc Key를 누른다.

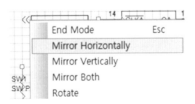

④ 필요한 경우 회로도를 보고 부품을 다시 배치한다.

⑤ 아래 그림은 최종적으로 배치된 것을 보여준다.

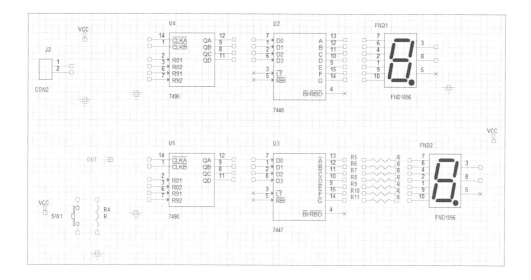

6.7.4 배선

① 아래 그림과 같이 툴 팔레트에서 Place Wire (W) Icon을 선택한다.

② 아래 그림과 같이 Zoom to all Icon을 클릭하여 회로도 전체 보기로 한다.

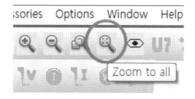

③ 다음 그림과 같이 Zoom to region Icon을 클릭하여 회로도의 일부분 보기 설정 준비를 하여 배선할 영역을 정하고 배선을 완료한다.

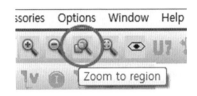

④ 배선이 다 되었으면 Esc Key를 누른다.

⑤ 아래 그림과 같이 툴 팔레트에서 Place no connect (X) Icon을 클릭한 후 회로
도에서 사용하지 않는 Pin들을 클릭하여 처리한다.

⑥ 최종 배선을 마친 회로도가 아래 그림에 있다.

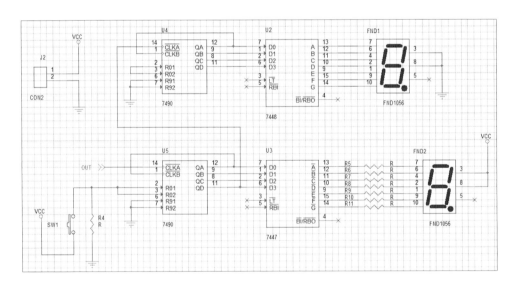

6.7.5 부품값 편집

① 부품번호 R4의 부품값 R을 더블클릭한 후 Display Properties 창의 Value 란에
부품값 1K를 입력한 후 Enter Key를 치거나 OK 버튼을 클릭한다.

② 위와 같은 방법으로 회로도를 보고 각 부품들에 대하여 값을 입력한다.

6.7.6 Net Alias 작성

① 아래 그림처럼 작업 창의 메뉴에서 Place→Net Alias...를 선택하거나 툴 팔레트에서 Place net alias(N) Icon을 클릭한다. 단축키로 N을 눌러도 된다.

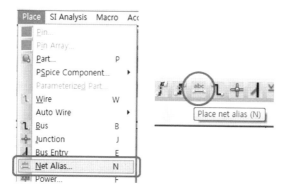

② 아래 그림과 같이 Place Net Alias 창이 나타나면 빈칸에 OUT을 입력한 후 OK 버튼을 클릭한다.

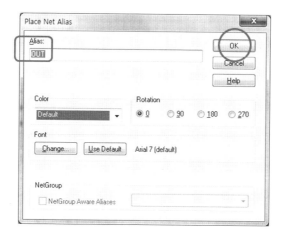

③ 마우스에 Alias가 붙은 채로 나타나게 되는데 지정하고 싶은 Net, 여기서는 U5의 14번 핀인 OUT Net 위에서 클릭하여 지정하고 Esc를 누르면 다음 그림과 같이 지정된다.

④ 아래 그림은 완성된 회로도이다.

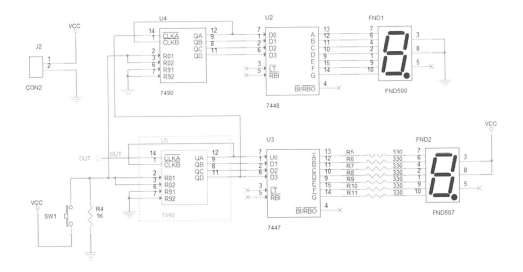

⑤ FND Part를 만들기 위해 PART 07을 진행한 후 7.4 PCB Editor 사용 전 작업을
진행한다.

PART

07

쉽게 배우는 PCB Artwork OrCAD Ver 16.6

Part 만들기(PCB Symbol)

▶ 환경 설정

▶ Pin 배치

▶ Drawing 정보 작성

Part 만들기(PCB Symbol)

    다음 작업에 앞서 7-Segment Display(FND) 부품에 대한 PCB용 Part를 만들어 보면서 데이터시트 활용에 대한 이해력을 높이고 필요시 새로운 Part들을 만들어 사용할 수 있는 능력을 갖출 수 있도록 한다. 이 부품은 기본적으로 제공되는 것이 아니기 때문에 부품을 만들고 나서 등록하는 과정도 따라하면서 익힌다.

    먼저 PCB Editor를 실행하여 아래 그림의 데이터시트를 참조하여 FND500(507) 심벌을 만든다.

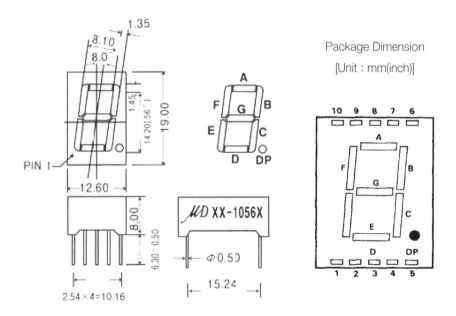

7.1 환경 설정

① 메뉴의 작업 창에서 File→New…를 선택하면 아래 그림과 같이 New Drawing
창이 나타나는데 Browse 버튼을 클릭한다. 경로를 D:\PROJECT02\allegro로
설정해야 하는데 allegro Directory는 project02 Directory에서 새로 만든 다음
지정해야 한다.

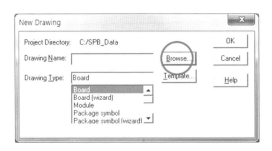

② 아래 그림과 같이 New 창이 나타나면 찾는 위치의 콤보 상자를 열어 D 드라이
브를 선택한 다음 아래에 보이는 Diretory에서 Project02를 더블클릭한다.

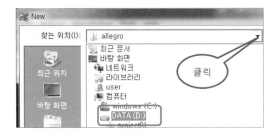

③ 아래 그림과 같이 새 폴더 만들기를 클릭하고 빈칸에 allegro를 입력, Enter Key
를 친 다음 allegro 폴더를 더블클릭하고 열기 버튼을 클릭한다.

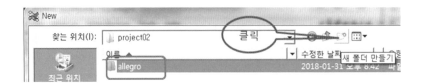

④ 아래 그림과 같이 Project Directory에서 경로를 확인하고, DrawingName: FND1056, Drawing Type: Package Symbol을 설정한 후 OK 버튼을 클릭한다.

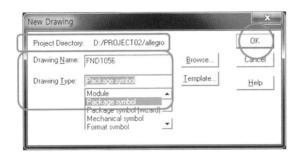

⑤ 메뉴의 작업 창에서 Setup→Grids...를 선택하면 아래 그림과 같이 Define Grid 창이 나타나는데 Grids On의 Check Box를 On, Non-Etch 항목을 값을 x(25), y(25)으로 설정하고 OK 버튼을 클릭한다.

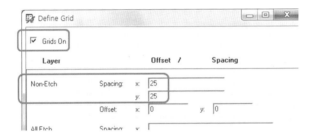

⑥ 메뉴의 작업 창에서 Setup→Design Parameters...를 선택하면 아래 그림과 같이 Design Parameter Editor 창이 나타나는데 Design Tab 등 설정값들을 확인, 필요시 설정한 후 OK 버튼을 클릭한다.

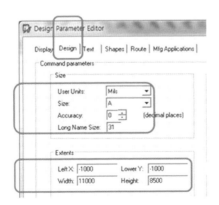

7.2 Pin 배치

① 아래 그림과 같이 작업 창의 메뉴에서 Layout→Pins...를 선택하거나 툴 팔레트에서 Add Pin Icon을 클릭한다.

② 아래 그림과 같이 작업 창의 오른쪽 Options Tab으로 이동하여 Padstack: 오른쪽의 콤보 상자를 열어 Pas60sq36d를 선택한 후, 작업 창 아래쪽 창에서 Command→x 50 50을 입력하고 Enter Key를 친다.

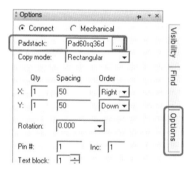

아래 그림의 데이터를 보면 부품의 리드 굵기가 0.5mm(≒20mil)이다.

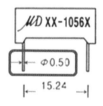

위에서 선택한 Padstack은 Pad60sq36d인데 이것은 가로와 세로의 길이가 각각 60mil이고 드릴 크기가 36mil인 것을 나타낸다. 다음 그림에 데이터 시트에 나와 있는 리드 굵기와 위에서 선택한 Padstack과의 관계를 나타내었다.

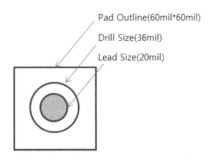

Pad Outline(60mil*60mil)

Drill Size(36mil)

Lead Size(20mil)

일반적으로 리드 사이의 거리가 100mil인 경우 Pad의 외형은 60mil 정도로 선정하고 부품의 리드 굵기 등을 참조하여 그 리드 굵기와 Pad의 외형과의 간격을 보고 설계자가 Drill Size를 결정하게 된다.

③ 위의 진행으로 좌표(50, 50)에 1번 Pin이 배치되었고 RMB→Done을 선택한다. 또는 Function Key F6를 누른다.

④ 다시 Add Pin Icon을 클릭, Options Tab으로 이동하여 Padstack: 오른쪽의 콤보 상자를 열어 Pas60cir36d, Qty X: 4 등 아래 그림과 같이 설정한 후 좌표(150, 50)에서 클릭, RMB→Done을 선택한다.

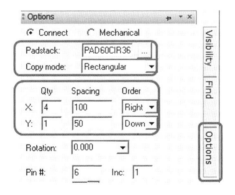

다음 그림의 데이터 시트를 보면 가로 핀 사이의 거리는 2.54mm(100mil)이고, 부품의 세로 핀 사이의 거리는 15.24mm (600mil)이기에 처음 사각 핀 배치 후 오른쪽으로 100mil씩 거리를 두고 4개를 배치했고 그 위로 600mil 거리를 두고 배치를 하는 것이다.

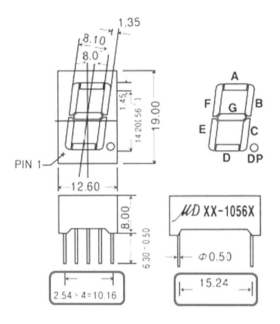

⑤ 위의 진행에 따라 100mil 간격으로 오른쪽으로 자동 배치된 것을 확인한다.

⑥ 다시 Add Pin Icon을 클릭, Options Tab으로 이동하여 Padstack: 오른쪽의 콤
보 상자를 열어 Pas60cir36d, Qty X: 5, Order: Left 등 아래 그림과 같이 설정한
후 좌표(450, 650)에서 클릭, RMB→Done을 선택한다.

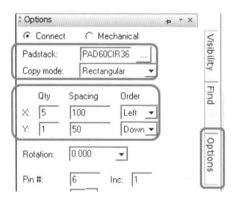

다음 그림의 데이터시트를 보면 1번 핀부터 5번 핀까지는 왼쪽에서 오른쪽으
로 되어 있고, 6번 핀부터 10번 핀까지는 왼쪽으로 되어 있기 때문에 위의 옵션
을 적용하여 진행한 것이다.

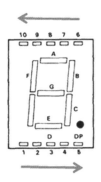

⑦ 위의 진행에 따라 100mil 간격으로 왼쪽으로 자동 배치된 것을 확인한다. 아래
그림은 Pin 배치가 완료된 상태를 보여 준다.

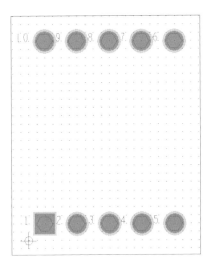

7.3 Drawing 정보 작성

7.3.1 Silkscreen_Top

① 그래픽을 그리기 위해 아래 그림과 같이 작업 창의 메뉴에서 Add→Rectangle
을 선택하거나 툴 팔레트에서 Shape Add Rect Icon을 클릭한다.

② 아래 그림과 같이 작업 창 오른쪽의 Options Tab으로 이동하여 콤보 상자를 열
어 Package Geometry와 Silkscreen_Top을 선택한다.

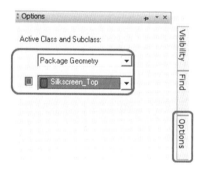

③ 작업 창 아래의 Command 창에 Command→x -50 -50 Enter Key, Command
→x 550 750 Enter Key, RMB→Done을 하면 아래 그림과 같이 사각형이 나타
난다.

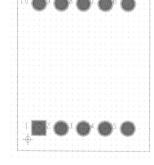

④ 다시 툴 팔레트에서 Shape Add Rect Icon을 클릭, 아래 그림과 같이 작업 창 오른쪽의 Options Tab으로 이동하여 콤보 상자를 열어 Package Geometry와 Assembly_Top을 선택한다.

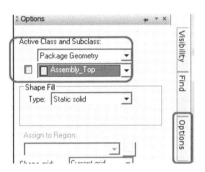

⑤ 작업 창 아래의 Command 창에 Command→x -50 -50 Enter Key, Command →x 550 750 Enter Key, RMB→Done을 하여 그린다.

⑥ 다시 툴 팔레트에서 Shape Add Rect Icon을 클릭, 아래 그림과 같이 작업 창 오른쪽의 Options Tab으로 이동하여 콤보 상자를 열어 Package Geometry와 Place_Bound_Top을 선택한다.

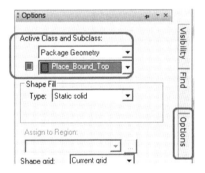

⑦ 작업 창 아래의 Command 창에 Command→x -50 -50 Enter Key, Command →x 550 750 Enter Key, RMB→Done을 하여 그린다.

7.3.2 Silkscreen_Ref

① 아래 그림과 같이 작업 창의 메뉴에서 Layout→Labels→RefDes를 선택하거나 툴 팔레트에서 Label Refdes Icon을 클릭한다.

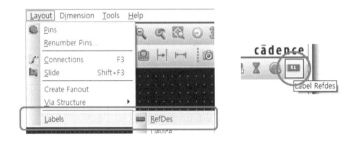

② 아래 그림과 같이 작업 창 오른쪽의 Options Tab으로 이동하여 콤보 상자를 열 어 Ref Des와 Silkscreen_Top을 선택하고, 아래 설정값들을 입력한다.

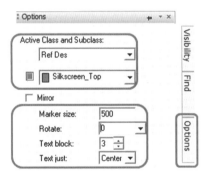

③ 마우스 포인터를 좌표(250, 825) 근처로 가져가 클릭, FND*를 입력한 후 RMB →Done을 하여 아래 그림과 같이 배치한다.

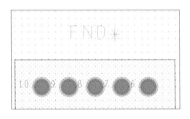

7.3.3 Assembly_Ref

① 아래 그림과 같이 작업 창의 메뉴에서 Layout→Labels→RefDes를 선택하거나 툴 팔레트에서 Label RefDes Icon을 클릭한다.

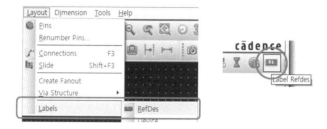

② 아래 그림과 같이 작업 창 오른쪽의 Options Tab으로 이동하여 콤보 상자를 열어 Package Geometry와 Assembly_Top을 선택하고, 아래 설정값들을 입력한다.

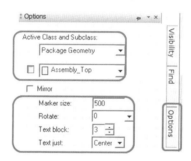

③ 마우스 포인터를 좌표(250, 350) 근처로 가져가 클릭, FND*를 입력한 후 RMB →Done을 하여 아래 그림과 같이 배치한다.

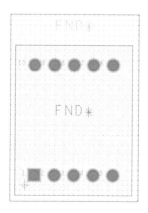

④ 작업 창에서 File→Save를 선택하여 저장한다.

7.3.4 Footprint 경로 지정

① 작업 창의 메뉴에서 Setup→User Preferences...를 선택한다.

② 아래 그림과 같이 User Preferences Editor 창이 나타나면 Paths\Library를 선택한 후 오른쪽으로 와 padpath의 Value 버튼을 클릭한다.

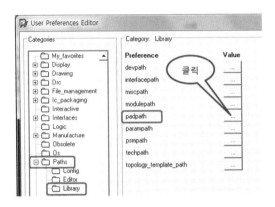

③ 아래 그림과 같이 padpath Items 창이 나타나면 New(Insert) 버튼을 클릭한다.

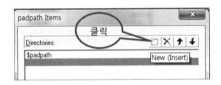

④ 아래 그림과 같이 빈칸이 나타나면 오른쪽 버튼을 클릭하여 경로를 D;\project02\allegro\로 지정한 후 OK 버튼을 클릭한다.

⑤ 다시 User Preferences Editor 창이 나타나면 Paths\Library를 선택한 후 오른쪽으로 와 psmpath의 Value 버튼을 클릭한 후, 위의 순서 ③, ④를 진행한 다음 최종적으로 OK 버튼을 클릭한다.

⑥ 작업 창에서 File→Exit를 선택하여 종료한다.

7.4 PCB Editor 사용 전 작업

7.4.1 PCB Footprint

아래의 표는 각 부품에 대한 Footprint 값을 나타낸 것이다.

순번	Capture Parts	PCB Editor Parts(Footprint)
1	색 저항(R)	RES400
2	전해 콘덴서(CAP POL)	CAP196
3	콘덴서(CAP NP)	CAPCK05
4	NE555	DIP8_3
5	푸시 버튼 스위치(SW PUSHBUTTON)	JUMPER2
6	발광 다이오드(LED)	CAP196
7	2핀 콘넥터(CON2)	JUMPER2
8	SN7490	DIP14_3
9	SN7447	DIP16_3
10	SN7448	DIP16_3
11	FND	FND1506
12	가변저항(R)	RESADJ

① 아래 그림과 같이 Project Manager 창(원 부분)을 선택한 후 counter_99.dsn 위에서 RMB→Edit Object Properties를 선택한다.

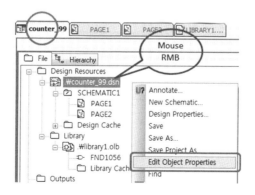

② 아래 그림과 같이 Property Editor 창이 열리면 수평 스크롤 바를 오른쪽으로 움직여 PCB Footprint 항목이 보이게 한 후 각 부품에 맞게 값을 입력한 후 창을 닫는다. Footprint 값을 입력할 때는 Part Reference 값을 보고 입력하지 말고 맨 우측의 Value 값을 보고 입력하도록 한다.

Part Reference	PCB Footprint	Row	Primiti	Ref	Source Library	So	Sour	Value
C1	CAP196		DEFAUL	C1	C:\CADENCE\SP	C	CAP	0.47uF/16V
C2	CAPCK05		DEFAUL	C2	C:\CADENCE\SP	C	CAP	0.047uF
J1	JUMPER2		DEFAUL	J1	C:\CADENCE\SP	C	CON	CON2
R1	RES400		DEFAUL	R1	C:\CADENCE\SP	R	R No	100K
R2	RES400		DEFAUL	R2	C:\CADENCE\SP	R	R No	47K
R3	RESADJ		DEFAUL	R3	C:\CADENCE\SP	R	RESI	1M
U1	DIP8_3		DEFAUL	U1	D:\PROJECT02\	N	NE55	NE555
FND1	FND1056		DEFAUL	FN	D:\PROJECT02\L	F	FND	FND500
FND2	FND1056		DEFAUL	FN	D:\PROJECT02\L	F	FND	FND507
J2	JUMPER2		DEFAUL	J2	C:\CADENCE\SP	C	CON	CON2
R4	RES400		DEFAUL	R4	C:\CADENCE\SP	R	R No	1K
R5	RES400		DEFAUL	R5	C:\CADENCE\SP	R	R No	330
R6	RES400		DEFAUL	R6	C:\CADENCE\SP	R	R No	330
R7	RES400		DEFAUL	R7	C:\CADENCE\SP	R	R No	330
R8	RES400		DEFAUL	R8	C:\CADENCE\SP	R	R No	330
R9	RES400		DEFAUL	R9	C:\CADENCE\SP	R	R No	330
R10	RES400		DEFAUL	R1	C:\CADENCE\SP	R	R No	330
R11	RES400		DEFAUL	R1	C:\CADENCE\SP	R	R No	330
SW1	JUMPER2		DEFAUL	SW	C:\CADENCE\SP	S	SW P	SW PUSHBUTTON
U2	DIP16_3		DEFAUL	U2	C:\CADENCE\SP	74	7448	7448
U3	DIP16_3		DEFAUL	U3	C:\CADENCE\SP	74	7447	7447
U4	DIP14_3		DEFAUL	U4	D:\PROJECT02\	74	7490	7490
U5	DIP14_3		DEFAUL	U5	C:\CADENCE\SP	74	7490	7490

창을 닫을 때 아래의 그림이 나타나면 Yes 버튼을 클릭한다.

7.4.2 DRC(Design Rules Check)

이 작업은 회로도를 완성한 후 회로도 설계에 이상이 있는지 없는지를 점검해 주는 것으로 회로 자체의 동작 여부를 점검해 주는 것은 아니라는 것을 기억하자. 편집 창 PAGE1이 선택되어 있다면 아래 그림과 같이 Project Manager Tab을 클릭한다.

① Project Manager 창으로 이동하여 PAGE1을 선택한다.

② 아래 그림과 같이 툴 팔레트에서 Design Rules Check Icon을 선택한다.

③ 아래 그림과 같이 경고 창이 나타나는 경우 그냥 Yes 버튼을 클릭한다.

다음 그림과 같이 Design Rules Check 창이 나타나면 Design Rules Options Tab의 Action 항목에서 Create DRC markers for warnings 항목의 check box를 On 하고 나서 Report File: View Output 항목의 Check Box를 On 한 후 File 경

로를 확인한 다음 OK 버튼을 클릭한다. 이는 DRC 수행 중 경고 메시지 등이 있을 경우 확인할 수 있도록 하는 것이다.

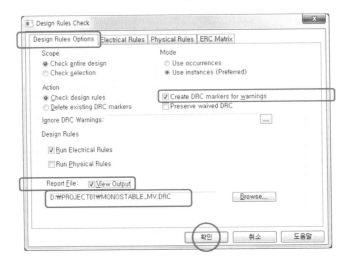

④ DRC 수행에서 아무 문제가 없으면 아래 그림과 같은 메모장이 나타나게 된다.

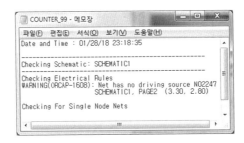

⑤ 이 보고서 파일은 아래 그림과 같이 Project Manager 창을 통해서도 볼 수 있다.

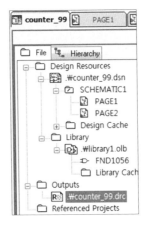

7.4.3 BOM(Bill of Materials)

① Project Manager 창으로 이동하여 PAGE1을 선택한 다음 아래 그림과 같이 툴 팔레트에서 Bill of materials Icon을 선택한다.

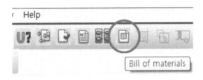

② 아래 그림과 같이 Bill of Materials 창이 나타나면 창 아래쪽 Report File: View Output 란의 Check Box를 클릭한 후 File의 저장 경로를 확인한 다음 OK 버튼을 클릭한다.

③ 아래 그림과 같은 창이 나오는 경우 그냥 예(Y) 버튼을 클릭한다.

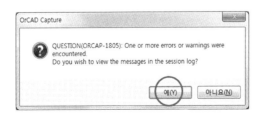

④ 아래 그림과 같이 Project Manager 창으로 이동하여 해당 파일을 찾아 더블클릭한다.

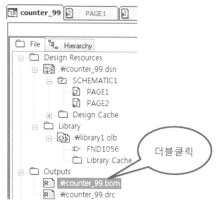

⑤ 아래 그림과 같이 회로도에 사용된 부품들의 리스트 등이 표시되는 것을 확인할 수 있다.

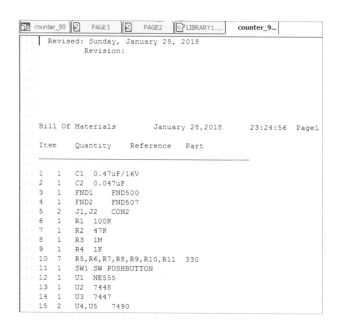

7.4.4 NC Pin 처리

현재 회로도에서 사용된 부품 중 7490 IC의 경우 사용하지 않는 Pin들이 회로도에 나와 있지 않다. 그렇기 때문에 별도로 처리를 해 주어야 하는데 다음 순서에 따라 진행한다. 아래 그림은 7490의 Connection Diagram이다.

① PAGE2 회로도에서 U4(7490)를 더블클릭한다.

② 아래 그림과 같이 창이 열리면 New Property... 버튼을 클릭하고 Undo Warning 메지지가 나오면 Yes 버튼을 클릭한 후 Name: NC, Value: 4,13을 입력하고 OK 버튼을 클릭한다. (7490의 NC Pin이 4번과 13번이다.)

③ PAGE2 회로도에서 U5(7490)를 더블클릭한다.

④ 아래 그림과 같이 창이 열리면 New Property... 버튼을 클릭하고 Undo Warning 메지지가 나오면 Yes 버튼을 클릭한 후 Name: NC, Value: 4,13을 입력하고 OK 버튼을 클릭한다. (7490의 NC Pin이 4번과 13번이다.)

7.4.5 Netlist 생성

① Project Manager 창으로 이동하여 PAGE1을 선택한 다음 아래 그림과 같이 툴 팔레트에서 Create netlist Icon을 선택한다.

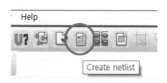

② 다음 그림과 같이 Create Netlist 창이 나타나면 PCB Editor Tab이 활성화된 상태에서 Create or Update PCB Editor Board(Netrev) 항목의 Check Box를 클릭하고 Place Changed 항목에서 Always를 클릭한 다음 Board Launching Option 항목에서는 Open Board in OrCAD PCB Editor(This option will not transfer any high-speed properties to the board)를 클릭한 후 확인 버튼을 클릭한다.

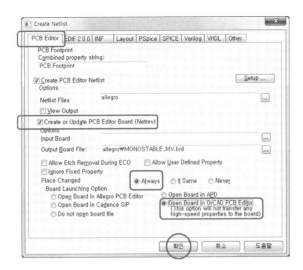

③ Directory 생성 여부를 묻는 창이 나타나면 예(Y) 버튼을 클릭한다.

④ Netlist 생성 진행 과정이 나타나게 되고 정상적으로 작업이 완료되면 PCB 설계를 할 수 있는 PCB Designer 창이 나타난다.

PART 08

PCB 설계(4-Layer)

- 환경 설정
- Board Outline 그리기 및 부품 배치
- Net 속성 부여
- Route
- 내층(VCC,GND)에 Shape(Copper) 배치
- 부품 참조번호(RefDes) 크기 조정 및 이동
- DRC(Design Rules Check)

앞 장에서 작업한 회로도의 Netlist가 자동으로 넘어온 경우는 아래의 순서에 따라 진행하면 되고, PCB Editor를 별도로 실행한 경우에는 작업 창의 메뉴에서 File→Open을 선택한 후 File이 있는 경로(필자의 경로→d:\project02\allego\ counter_99.brd)를 지정하여 File을 연 후 아래 순서에 따라 진행한다.

8.1 환경 설정

8.1.1 단위 및 도면 크기 설정

① 아래 그림과 같이 툴 팔레트에서 Prmed Icon을 선택한다.

② 다음 그림과 같이 Design Parameter Editor 창이 나타나면 Design Tab으로 이동하여 User Units:는 Mils로, Size는 A로, Accuracy는 0으로 설정하고 Extents 항목의 Left X:와 Lower Y:는 각각 -1000으로 입력한 다음 OK 버튼을 클릭한다.

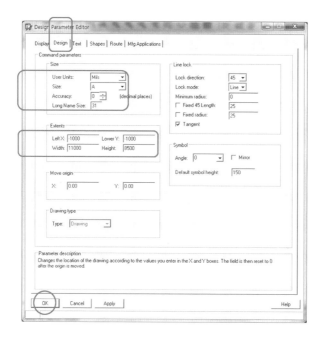

8.1.2 Layer 설정

① 아래 그림과 같이 툴 팔레트에서 Xsection Icon을 선택한다.

② Layout Cross Section 창이 나타나면 Default 값으로 양면 기판 설계를 할 수 있게 설정되어 있는 것을 확인할 수 있고, 이번 작업의 경우는 4-Layer 작업을 해야 하므로 Layer를 추가하여 작업하여야 한다. 아래 그림과 같이 Subclass Name의 TOP과 BOTTOM 사이에서 RMB → Add Layer Below(or Add Layer Above)를 선택하여 Layer를 추가한다.

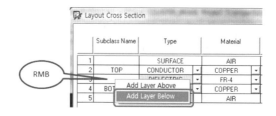

③ 위의 방법으로 Layer를 3개 더 추가한다.

④ 아래 그림과 같이 Type의 콤보 상자를 열어 CONDUCTOR로 설정한다.

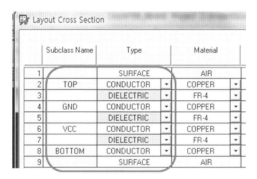

⑤ 아래 그림과 같이 Subclass Name을 NONAME_1에서 GND로 바꿔준 다음 위와 같은 방법으로 VCC까지 진행한 다음 OK 버튼을 클릭한다.

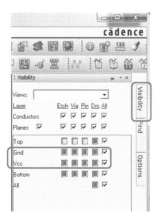

⑥ 작업 창의 오른쪽 Visibility Tab으로 마우스를 가져간다. 위에서 설정한 내용이 아래 그림처럼 나타나 있다.

8.1.3 Grid 설정

① 아래 그림과 같이 작업 창의 메뉴에서 Setup→Grids...를 선택한다.

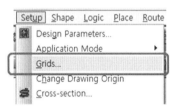

② Define Grid 창이 나오면 Default 값을 확인한 후 OK 버튼을 클릭한다. 필요시 Grids On Check Box를 On 또는 Off 하여 작업하면 된다.

8.1.4 Color 설정

작업을 하게 되면 부품에 여러 가지 속성들이 표시되어 복잡하게 보이는 등 불필요한 속성들을 보이지 않게 하고 설계자의 의도에 맞는 필요한 속성들만 보이게 하기 위하여 Color 설정 작업을 한다.

① 아래 그림과 같이 툴 팔레트에서 Color192(Ctrl+F5) Icon을 선택한다.

② 아래 그림과 같이 Color Dialog 창이 나타나면 창의 오른쪽 윗부분에 있는 Global Visibility: 항목에서 Off 버튼을 클릭한 후 메시지 창이 나타나면 예(Y) 버튼을 클릭한다.

③ 아래 그림과 같이 Color Dialog 창에서 Areas\Board Geometry 항목을 선택한 다음 아랫부분의 Color 지정 부분에서 노란색을 클릭하고, Subclasses에서 Outline의 Check Box를 On 하고 그 오른쪽 색상 지정할 곳을 클릭한다. Dimension은 연두색, SilkScreentop은 흰색으로 설정하고 Apply 버튼을 클릭한다.

④ 아래 그림과 같이 Stack-Up 항목을 선택한 다음 오른쪽 부분에서 Pin, Via, Etch, Drc 항목에 대하여 All Check Box를 On 한 후 Color 지정 부분에서 Pin, Via, Etch 항목의 Top은 연두색, Bottom은 노란색, Gnd는 파란색, Vcc는 빨간색, 나머지 Subclasses은 쑥색으로 지정하고, Drc 항목은 모두 빨간색으로 지정된 것을 확인한 후 Apply 버튼을 클릭한다.

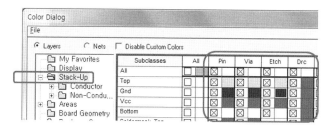

⑤ 아래 그림과 같이 Areas\Package Geometry 항목을 선택한 Subclasses에서 Silkscreen_Top의 Check Box를 On 하고 색상을 흰색으로 지정한 후 Apply 버튼을 클릭한다.

⑥ 아래 그림과 같이 Components 항목을 선택한 Subclasses에서 Silkscreen_Top의 RefDes 항목에 대하여 Check Box를 On하고 색상을 흰색으로 지정한 후 Apply 버튼을 클릭한다.

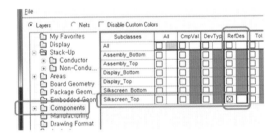

⑦ 다른 지정할 사항이 없으면 OK 버튼을 클릭한다.

8.2 Board Outline 그리기 및 부품 배치

8.2.1 Board Outline 그리기

① 작업 창의 메뉴에서 Setup→Outline→Board Outline...을 선택한다.
② 다음 그림과 같이 Board Outline 창이 나타나면 Command Operations에는 Create를 선택, Board Edge Clearance:는 40MIL, Create Options에는 Draw Rectangle을 선택하고 다음 순서를 진행한다.

③ 위의 Board Outline 창이 열려 있는 상태에서 아래 그림과 같이 Command〉란
에 x 0 0을 입력한 다음 Enter Key를 누르고 Command〉x 6600 3200을 입력하
고 Enter Key를 누르면 작업 창에 Board Outline이 생성되고, Board Outline 창
에서 Close 버튼을 클릭한다. (Board Size는 168mm×81mm 정도)

8.2.2 기구 홀 추가

① 아래 그림과 같이 툴 팔레트에서 Place Manual Icon을 선택한다.

② 아래 그림과 같이 Placement 창이 나타나면 Advanced Settings Tab으로 이동
하여 Display definition from: 항목의 Library Check Box를 활성화시킨 후 다음
순서를 진행한다.

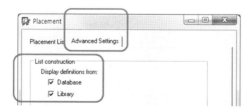

③ 아래 그림과 같이 Placement List Tab으로 이동하여 그 아래 콤보 상자를 열어 Mechnical symbols를 선택하고 그 아래의 MTG156 Check Box를 활성화시킨 후 Command〉 x 200 200 Enter Key를 누르고 다시 MTG156 Check Box를 활성화시킨 후 Command〉 x 6400 200 Enter Key를 누르고 다시 MTG156 Check Box를 활성화시킨 후 Command〉 x 6400 3000 Enter Key를 누르고 다시 MTG156 Check Box를 활성화시킨 후 Command〉 x 200 3000 Enter Key를 누른 후 OK 버튼을 클릭하여 마무리한다. 마우스를 이용하여 해당 좌표에 위치한 후 클릭하여 배치하여도 된다.

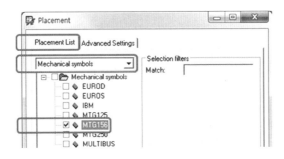

④ 아래 그림은 기구 홀이 배치된 보드의 모습이다.

8.2.3 부품 배치(Manually)

① 아래 그림과 같이 툴 팔레트에서 Unrats All Icon을 선택해도 된다.

② 아래 그림과 같이 툴 팔레트에서 Place Manual Icon을 선택한다.

③ Placement 창이 나타나면 Placement List Tab→Components by refdes를 선택하여 모든 부품이 나타나는지를 확인하고 이상이 없으면 전체 Check Box를 On 한 다음 전체 배치된 자료를 참고하여 차례로 부품을 배치한다. 필요시 RMB→Rotate를 사용하여 배치하고 모두 배치하였으면 OK 버튼을 클릭한다.

④ 아래 그림과 같이 Net들은 보이지 않고 부품들만 보이게 완성되었다.

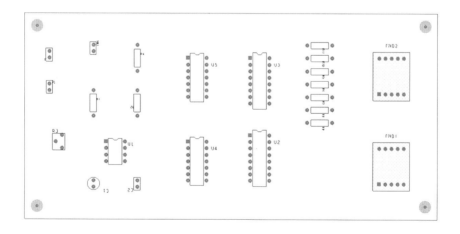

8.3 Net 속성 부여

PCB를 설계하는 과정에서 배선의 두께, 배선 간 간격, 배선의 색상 등을 지정하여 진행하게 되는데 이것은 아래에 설명하는 순서에 따라 진행하면 된다.

① 아래 그림과 같이 작업 창의 메뉴에서 Setup→Constraints→Physical...을 선택한다.

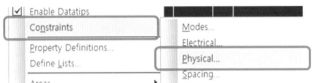

② 아래 그림과 같이 Physical Constrain Set\All Layers를 선택한 후 오른쪽 Line Width 항목의 Default 값인 5mil을 12mil로 바꾸어 입력한 후 Enter Key를 누른다. (Line Width를 12mil로 설정)

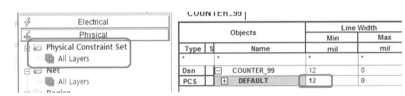

③ Net\All Layers를 선택한 후 오른쪽 Line Width 항목의 GND 값과 VCC 값 12mil을 40mil로 바꾸어 입력한 후 Enter Key를 누른다. (GND와 VCC Width를 40mil로 설정하였으나 배선은 하지 않음)

④ 아래 그림과 같이 Spacing Constrain Set\All Layers를 선택한 후 오른쪽 Default 항목의 값을 각각 12mil로 입력한 후 Enter Key를 누르고 창을 닫는다. (Spacing Width를 12mil로 설정)

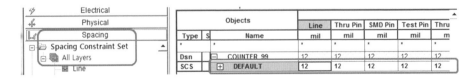

⑤ 아래 그림과 같이 툴 팔레트에서 Assign Color Icon을 선택한다.

⑥ 아래 그림과 같이 화면 우측에 있는 Options Tab 위로 마우스를 가져가 빨간색
을 선택한 후 Find Tab 위로 마우스를 가져간다.

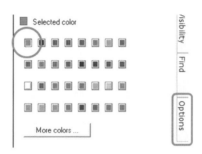

⑦ 아래 그림과 같이 Find Tab이 활성화된 상태에서 Net와 Name이 선택된 것을
확인한 뒤 그 아래의 More 버튼을 클릭한다.

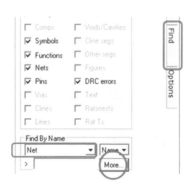

⑧ Find by Name or Property 창에서 스크롤 바를 사용하여 Vcc Net를 찾은 다음
마우스로 클릭하여 오른쪽 영역으로 이동하고 OK 버튼을 클릭한다. (VCC Net
를 빨간색으로 지정)

⑨ 다음 그림과 같이 화면 우측에 있는 Options Tab 위로 마우스를 가져가 파란색
을 선택한 후 Find Tab 위로 마우스를 가져간다.

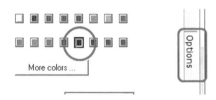

⑩ 오른쪽 그림과 같이 Find Tab이 활성화된 상태에서 Net와 Name이 선택된 것을 확인한 뒤 그 아래의 More 버튼을 클릭한다.

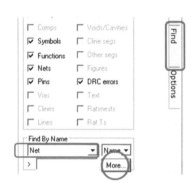

⑪ Find by Name or Property 창에서 스크롤 바를 사용하여 Gnd Net를 찾은 다음 마우스로 클릭하여 오른쪽 영역으로 이동하고 OK 버튼을 클릭한다. (GND Net를 파란색으로 지정)

⑫ 작업 창에서 VCC와 GND Net에 색상이 적용된 것을 볼 수 있다.

위와 같은 방법으로 특정 Net에 대하여 설계자가 원하는 색상을 지정하여 작업 효율을 좋게 할 수 있다.

8.4 Route

이제 Routing을 하기 위한 준비 작업이 되었으므로 본격적인 Routing 작업을 진행해 보자.

① 단축키로 Function Key F3을 누른다.

② 아래 그림과 같이 작업 창 오른쪽 Options Tab을 활성화한 후 각 항목의 값들과 같이 설정한다.

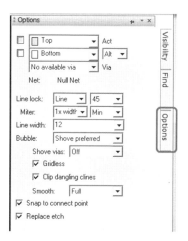

③ 배선이 완료된 그림을 참고하며 배선을 한다. 배선을 하면서 Via 형성을 위하여 RMB→Add Via 혹은 더블클릭, Layer 변경을 할 때는 RMB〉Change Layer Bottem(or Top) 등을 활용하여 효율적으로 배선한다.

④ 배선이 되면 Slide Icon을 클릭한 후 배선 정리를 한다.

⑤ 아래 그림은 배선이 완료된 것을 보여 준다.

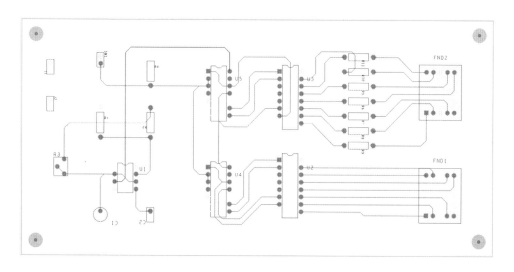

8.5 내층(VCC, GND)에 Shape(Copper) 배치

이 작업은 4-Layer PCB 기판을 설계하는 것이므로 VCC와 GND 신호는 내층에 배치되어 있다. 그러므로 각각의 층에 맞는 전원을 연결해 주어야 하고 아래 순서에 따라 진행한다.

8.5.1 Z-Copy(GND)

특정한 Line이나 Shape 영역을 복사하여 특정 Line이나 Shape를 생성할 때 사용하는 명령으로 아래 순서에 따라 진행한다.

① 작업 창의 메뉴에서 Edit→Z-Copy를 선택한다.

② 아래 그림과 같이 Options Tab으로 이동하여 값들을 설정한다.

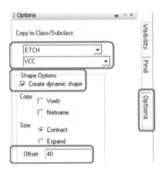

③ 아래 그림과 같이 Board Outline 위에서 마우스를 클릭해 Shape를 생성한 후 다음 순서로 간다.

8.5.2 Shape에 Net(GND) 지정

① 작업 창의 메뉴에서 Shape→Select Shape or Void/Cavity를 선택한다.

② 위에서 생성된 Shape(GND)를 클릭하여 선택한다.

③ 아래 그림과 같이 Options Tab으로 이동하여 Assign net name: 의 오른쪽 콤보
박스를 열고 GND를 찾아 클릭한 후 OK 버튼을 눌러 선택한다.

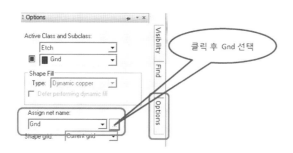

④ 작업 창에서 RMB→Done을 선택한다.

8.5.3 Z-Copy(VCC)

① 작업 창의 메뉴에서 Edit→Z-Copy를 선택한다.

② 아래 그림과 같이 Options Tab으로 이동하여 값들을 설정한다.

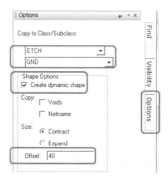

③ 아래 그림과 같이 Board Outline 위에서 마우스를 클릭해 Shape를 생성한 후 다
음 순서로 간다.

8.5.4 Shape에 Net(VCC) 지정

① 작업 창의 메뉴에서 Shape→Select Shape or Void/Cavity를 선택한다.

② 위에서 생성된 Shape(VCC)를 클릭하여야 하는데 GND Shape와 겹쳐 있기 때문에 아래 그림과 같이 Visibility Tab으로 이동하여 Vcc 항목만 활성화하고 나머지 Check Box는 해제한 다음 작업 창에서 VCC Shape를 클릭해 선택한다.

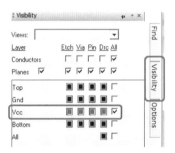

③ 아래 그림과 같이 Options Tab으로 이동하여 Assign net name: 의 오른쪽 콤보 박스를 열고 GND를 찾아 클릭한 후 OK 버튼을 눌러 선택한다.

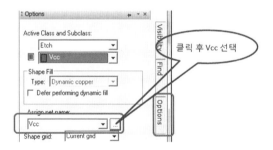

④ 아래 그림과 같이 다시 Visibility Tab으로 이동하여 이전과 같이 다시 설정하고 작업 창으로 돌아와 RMB→Done을 선택한다.

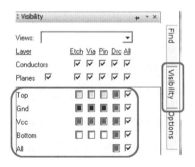

8.6 부품 참조번호(RefDes) 크기 조정 및 이동

배선이 모두 끝나면 부품 참조번호의 크기를 일정하게 조정하고 알맞은 위치로 이동해야 보기 좋은 모양이 된다.

8.6.1 부품 참조번호 크기 조정

① 작업 창의 메뉴에서 Edit→Change를 선택한다.

② 아래 그림과 같이 작업 창 오른쪽의 Options Tab에서 보이는 것과 같이 값을 설정한다.

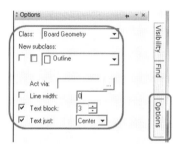

③ 아래 그림과 같이 작업 창 오른쪽의 Find Tab에서 보이는 것과 같이 값을 설정한다.

④ Board 전체를 마우스로 클릭, 드래그하고 RMB→Done을 선택한다.

8.6.2 부품 참조번호 위치 이동

① 작업 창의 메뉴에서 Edit→Move를 선택한다.

② 아래 그림과 같이 작업 창 오른쪽의 Find Tab에서 보이는 것과 같이 값을 설정
   한다.

③ 작업 창으로 와서 정리가 필요한 부품 참조번호를 클릭한 후 필요시 RMB→
   Rotate를 선택하여 배치하고 작업이 완료되면 RMB→Done을 선택한다.

④ 아래 그림은 정리가 부품 참조번호의 크기와 위치 이동을 마친 모습이다.

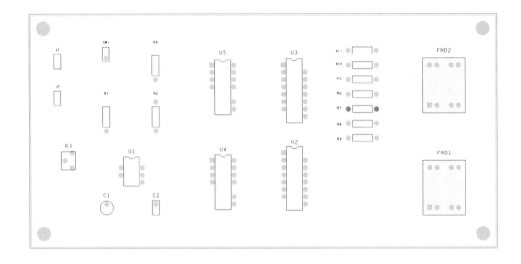

8.6.3 Text 추가 배치

PCB 설계를 마친 후 Board의 이름이나 버전 등의 정보를 나타내게 하기 위한 것
으로 어떤 Layer에 넣는가 하는 것은 설계자의 의도에 따라 정해지는데 필자의 경우
는 Silkscreen_Top에 배치하는 것으로 한다.

① 작업 창의 메뉴에서 Add→Text를 선택한다.

② 아래 그림과 같이 작업 창의 오른쪽 Options Tab으로 이동하여 설정값들을 지정한다.

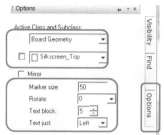

③ 아래 그림과 같이 Board에 Text를 넣을 위치에 마우스를 클릭한 후 추가할 내용(필자의 경우 COUNTER_99 DESIGNED BY C.S.HONG)을 적고 RMB→Done를 선택한다.

8.7 DRC(Design Rules Check)

PCB 설계를 마쳤으므로 설계자가 설정한 조건들에 맞도록 작업이 되었는지를 점검하는 과정이다.

① 작업 창의 메뉴에서 Display→Status…를 선택한다.
② Status 창이 나타나고 색상이 조그만 사각 박스의 색이 초록색이면 설계 조건에 맞게 작업이 된 것이고, 빨간색이면 Error, 노란색은 Warning 표시이다. Update DRC 버튼을 클릭하여 사각 박스의 색상을 검토한다.

모두 초록색이면 정상적으로 작업이 된 것이고, 그렇지 않고 Error가 있을 경우는 다시 뒤쪽으로 돌아가 Error를 수정한 후 다시 문제가 없을 때까지 DRC를 하여야 한다. 문제가 없으면 OK 버튼을 클릭한다.

쉽게 배우는 PCB Artwork OrCAD Ver 16.6

Gerber Data 생성

▶ Drill Legend 생성

▶ NC Drill 생성

▶ Gerber 환경 설정

▶ Shape의 Gerber Format 변경

▶ Gerber Film 설정

Gerber Data 생성

9.1 Drill Legend 생성

① 아래 그림과 같이 툴 팔레트에서 NCdrill Customization Icon을 선택한다.

② Drill Customization 창이 나타나면 가운데 아래쪽에 있는 Auto generate symbol 버튼을 클릭한다.

③ 작업을 진행하겠느냐는 메시지 창이 나오면 예(Y) 버튼을 클릭한다.

④ 처음에 나타난 Drill Customization 창에서 Symbol Figure 등이 파란색 글씨로 바뀌며 데이터를 생성한다. 이는 각 모양에 따른 크기와 수량 등을 생성한 것 이고 확인하고 OK 버튼을 클릭하면 Update 여부를 묻는 메시지가 나오게 되 는데 예(Y) 버튼을 클릭한다.

⑤ 아래 그림과 같이 툴 팔레트에서 NCdrill Legend Icon을 선택한다.

⑥ Drill Legend 창에서 File명과 Output unit가 Mils로 된 것을 확인하고 이상이 없으면 OK 버튼을 클릭한다.

⑦ 위의 순서가 진행되면 마우스에 하얀 사각형이 붙어 나오는데 그 사각형을 배치할 공간 확보를 위해 작업 창 크기를 조절(마우스 휠 사용)한 후 Board 위쪽에 배치한다.

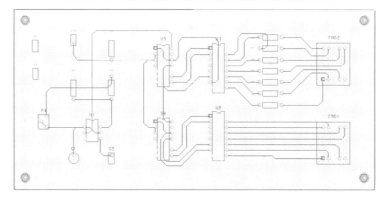

9.2 NC Drill 생성

① 아래 그림과 같이 툴 팔레트에서 NCdrill Param Icon을 선택한다.

② Drill Parameters 창이 나타나면 다음 그림과 같이 설정하고 Close 버튼을 클릭한다. Close 버튼 위쪽 큰 둥근 사각형 내의 항목은 PCB 가공기 관련 설정 항목이다.

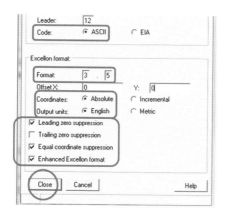

③ 작업 창의 메뉴에서 Manufacture→NC→NC Drill...을 선택한다.

④ 아래 그림과 같이 NC Drill 창이 나타나면 File명을 확인하고 필요한 항목들을 설정한 후 Drill 버튼을 클릭한다. (필요시 File명을 구별하기 쉬운 이름으로 수정)

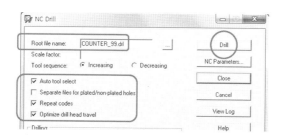

위 과정이 수행되면 NC Drill Data가 형성되는 것을 보여 준다.

⑤ NC Drill Data 생성 과정이 마무리되면 Close 버튼을 클릭한다.

9.3 Gerber 환경 설정

① 아래 그림과 같이 툴 팔레트에서 Artwork Icon을 선택한다. 위의 명령이 수행되면 Artwork Control Form 창이 나타나며 Shape Parameter가 일치되지 않는다는 메시지가 나오는데 그냥 확인 버튼을 클릭한다.

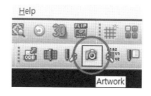

② 아래 그림과 같이 Artwork Control Form 창에서 General Parameters Tab으로 이동하여 Device type, Output units, Format 항목을 설정하고 OK 버튼을 클릭한다.

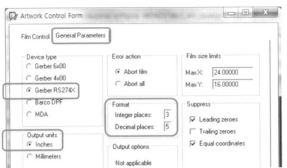

9.4 Shape의 Gerber Format 변경

① 작업 창의 메뉴에서 Shape→Global Dynamic Params..를 선택한다.
② 아래 그림과 같이 Global Dynamic Parameters 창이 나타나면 Void Tab으로 이동하여 Artwork format의 오른쪽 콤보 상자를 클릭하여 Gerber RS274X로 설정하고 OK 버튼을 클릭한다.

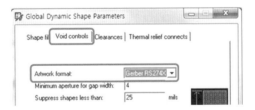

9.5 Gerber Film 설정

지금까지 설계한 4층 기판 제작에 필요한 File인 Top, Bottom, GND, VCC, Silk-screen_Top(Bottom), Soldermask_Top(Bottom), Drill_Draw Data 생성을 위해 다음 순서에 따라 진행한다.

9.5.1 Top/Bottom Film Data 생성

① 아래 그림과 같이 툴 팔레트에서 Artwork Icon을 클릭한다.

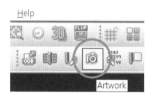

② 아래 그림과 같이 Artwork Control Form 창에서 Film Control Tab으로 이동하여 Undefined line width: 항목에 10을 입력한 다음 OK 버튼을 클릭한다. 이 항목은 PCB Editor에서 Zero Width를 가지고 있는 선들로 Text, Assembly, Silkscreen line 등에 대하여 Photoplot 될 Width를 지정하는 것이다.

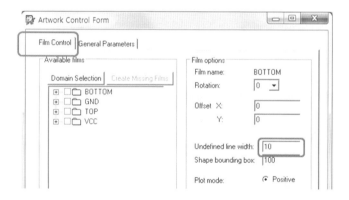

9.5.2 Silkscreen_Top Film Data 생성

① 아래 그림과 같이 툴 팔레트에서 Color192(Ctrl+F5) Icon을 클릭한다.

② Color Dialog 창이 나타나면 오른쪽 윗부분 Global Visibility: 항목에서 Off 버튼
을 클릭한다.

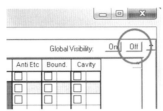

③ 수행 명령에 대해 확인하는 메시지가 나오면 예(Y) 버튼을 클릭한다.

④ 위의 명령 수행으로 모든 Ckeck Box가 Off 되고 그 창 아랫부분에 있는 Apply
버튼을 눌러 작업 창에 아무것도 나타나지 않는 것을 확인한다.

⑤ 아래 그림처럼 Board Geometry를 선택한 후 필요한 Subclass인 Outline과
Silkscreen_Top 두 개를 선택하고 색상을 흰색으로 지정한다.

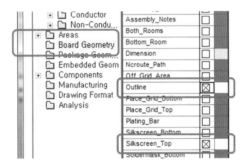

⑥ 아래 그림처럼 Package Geometry를 선택한 후 필요한 Subclass인 Silkscreen_
Top을 선택하고 색상을 흰색으로 지정한다.

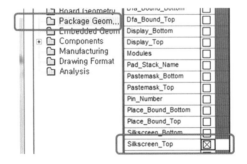

⑦ 마지막 단계로 아래 그림처럼 Components를 선택한 후 필요한 Subclass인 Silkscreen_Top의 RefDes를 선택하고 색상을 흰색으로 지정한다.

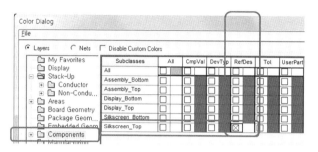

⑧ Silkscreen_Top Film Data 생성 과정이 모두 끝났으므로 Apply 버튼과 OK 버튼을 차례로 클릭하여 작업 창에 나타나는지를 확인한 후 다음 순서로 넘어간다.

⑨ 아래 그림과 같이 툴 팔레트에서 Artwork Icon을 클릭한다.

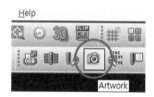

⑩ 아래 그림과 같이 Artwork Control Form 창에서 Film Control Tab으로 이동한 후 TOP 위에서 RMB→Add를 선택한다.

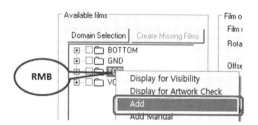

⑪ 아래 그림과 같이 Film name을 Silkscreen_Top으로 지정한 후 OK 버튼을 클릭한다. 현재 작업 창에 보이는 내용이 적용된다.

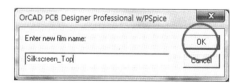

⑫ 아래 그림과 같이 Artwork Control Form 창에서 위에서 생성한 Silkscreen_Top
을 선택한 후 Undefined line width: 항목에 10을 입력한 다음 OK 버튼을 클릭
한다.

9.5.3 Soldermask_Top Film Data 생성

① 아래 그림과 같이 툴 팔레트에서 Color192(Ctrl+F5) Icon을 클릭한다.

② Color Dialog 창이 나타나면 오른쪽 윗부분 Global Visibility: 항목에서 Off 버튼
을 클릭한다.

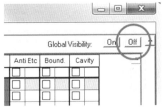

③ 수행 명령에 대해 확인하는 메시지가 나오면 예(Y) 버튼을 클릭한다.

④ 아래 그림처럼 Board Geometry를 선택한 후 필요한 Subclass인 Outline를 선
택하고 색상을 흰색으로 지정한다.

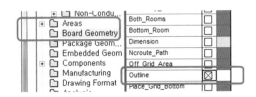

⑤ 아래 그림처럼 Stack-Up을 선택한 후 필요한 Subclass인 Soldermask_Top의 Pin과 Via 두 개 항목을 선택하고 색상을 쑥색으로 지정한다. (색상은 지정되어 있음)

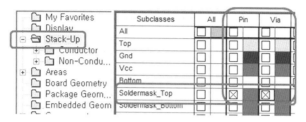

⑥ Soldermask_Top Film Data 생성 과정이 모두 끝났으므로 Apply 버튼과 OK 버튼을 차례로 클릭하여 작업 창에 나타나는지를 확인한 후 다음 순서로 넘어간다.

⑦ 아래 그림과 같이 툴 팔레트에서 Artwork Icon을 클릭한다.

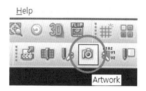

⑧ 아래 그림과 같이 Artwork Control Form 창에서 Film Control Tab으로 이동한 후 TOP 위에서 RMB→Add를 선택한다.

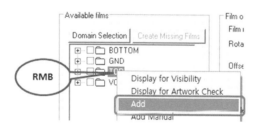

⑨ 아래 그림과 같이 Film name을 Soldermask_Top으로 지정한 후 OK 버튼을 클릭한다. 현재 작업 창에 보이는 내용이 적용된다.

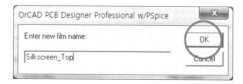

⑩ 아래 그림과 같이 Artwork Control Form 창에서 위에서 생성한 Soldermask_
Top을 선택한 후 Undefined line width: 항목에 10을 입력한 다음 OK 버튼을
클릭한다.

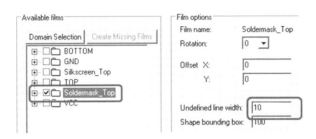

9.5.4 Soldermask_Bottom Film Data 생성

① 아래 그림과 같이 툴 팔레트에서 Color192(Ctrl+F5) Icon을 클릭한다.

② Color Dialog 창이 나타나면 오른쪽 윗부분 Global Visibility: 항목에서 Off 버튼
을 클릭한다.

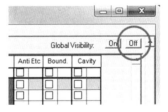

③ 수행 명령에 대해 확인하는 메시지가 나오면 예(Y) 버튼을 클릭한다.
④ 다음 그림처럼 Board Geometry를 선택한 후 필요한 Subclass인 Outline를 선
택하고 색상을 흰색으로 지정한다.

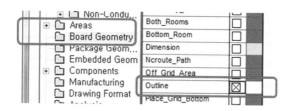

⑤ 아래 그림처럼 Stack-Up을 선택한 후 필요한 Subclass인 Soldermask_Bottom의 Pin과 Via 두 개 항목을 선택하고 색상을 쑥색으로 지정한다. (색상은 지정되어 있음)

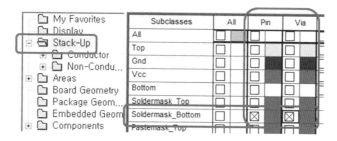

⑥ Soldermask_Bottom Film Data 생성 과정이 모두 끝났으므로 Apply 버튼과 OK 버튼을 차례로 클릭하여 작업 창에 나타나는지를 확인한 후 다음 순서로 넘어간다.

⑦ 아래 그림과 같이 툴 팔레트에서 Artwork Icon을 클릭한다.

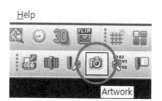

⑧ 아래 그림과 같이 Artwork Control Form 창에서 Film Control Tab으로 이동한 후 BOTTOM 위에서 RMB→Add를 선택한다.

⑨ 아래 그림과 같이 Film name을 Soldermask_Bottom으로 지정한 후 OK 버튼을 클릭한다. 현재 작업 창에 보이는 내용이 적용된다.

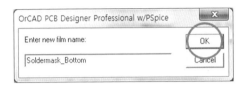

⑩ 아래 그림과 같이 Artwork Control Form 창에서 위에서 생성한 Soldermask_Bottom을 선택한 후 Undefined line width: 항목에 10을 입력한 다음 OK 버튼을 클릭한다.

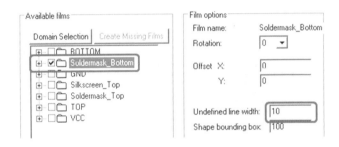

9.5.5 Drill Draw Film Data 생성

① 아래 그림과 같이 툴 팔레트에서 Color192(Ctrl+F5) Icon을 클릭한다.

② Color Dialog 창이 나타나면 오른쪽 윗부분 Global Visibility: 항목에서 Off 버튼을 클릭한다.

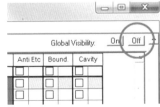

③ 수행 명령에 대해 확인하는 메시지가 나오면 예(Y) 버튼을 클릭한다.

④ 아래 그림처럼 Board Geometry를 선택한 후 필요한 Subclass인 Dimension과 Outline를 선택한다. 색상은 연두색, 흰색으로 지정되어 있고 필요시 다시 지정한다.

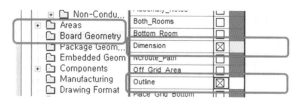

⑤ 아래 그림처럼 Manufacturing을 선택한 후 필요한 Subclass인 Ncdrill_Figure, Ncdrill_Legend 그리고 Nclegend-1-4 세 개의 항목을 선택한다. 색상을 쑥색으로 지정되어 있고 필요시 다시 지정한다.

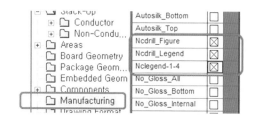

⑥ Drill Draw Film Data 생성 과정이 모두 끝났으므로 Apply 버튼과 OK 버튼을 차례로 클릭하여 작업 창에 나타나는지를 확인한 후 다음 순서로 넘어간다.

⑦ 아래 그림과 같이 툴 팔레트에서 Artwork Icon을 클릭한다.

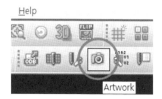

⑧ 다음 그림과 같이 Artwork Control Form 창에서 Film Control Tab으로 이동한 후 TOP 위에서 RMB→Add를 선택한다.

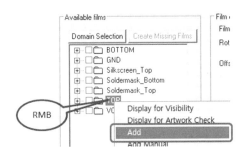

⑨ 아래 그림과 같이 Film name을 Drill_Draw로 지정한 후 OK 버튼을 클릭한다. 현재 작업 창에 보이는 내용이 적용된다.

⑩ 아래 그림과 같이 Artwork Control Form 창에서 위에서 생성한 Drill_Draw 를 선택한 후 Undefined line width: 항목에 10을 입력한 다음 OK 버튼을 클릭한다.

9.5.6 Gerber Film 추출

지금까지 필요한 Gerber Film Data 생성을 하였고, PCB 제작 업체에 보낼 Data를 추출해야 하는데 다음 순서에 따라 진행한다.

① 아래 그림과 같이 툴 팔레트에서 Artwork Icon을 클릭한다.

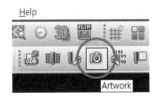

② 아래 그림과 같이 Artwork Control Form 창에서 Film Control Tab으로 이동한 후 Select all 버튼을 클릭한 후 버튼 위에 모두 선택된 것이 확인되면 창 아래쪽에 있는 Create Artwork 버튼을 클릭한다.

③ Artwork Film들이 생성되는 동안 아래 그림과 같은 창이 나타난다.

④ 모든 작업이 정상적으로 완료되었고 OK 버튼을 클릭하여 Artwork Control Form 창을 닫고 작업 창에서 File→Save 후 File→Exit를 선택하여 종료한다.

⑤ 생성된 파일들은 처음에 지정한 project02 폴더 아래의 allegro 폴더 내에 아래 그림과 같이 저장되었다.

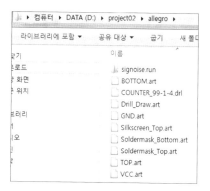

PART
10

쉽게 배우는 PCB Artwork OrCAD Ver 16.6

Transistor Part 만들기 (PCB Symbol)

▶ 환경 설정

▶ Pin 배치

Transistor Part 만들기 (PCB Symbol)

이번 장에서는 데이터시트를 활용하여 PCB 심벌을 만드는 데 있어 데이터시트에서 제공되는 데이터를 바꿔서 진행하는 것을 다룬다. 앞에서 다룬 Monostable_mv 회로에서 사용된 Transistor는 데이터시트에 나와 있는 수치를 그대로 적용하여 만들어 사용했기 때문에 최종적으로 부품을 실장하고 납땜 등을 할 때 쉽지 않게 되는 것이다. 위의 FND 심벌을 만드는 것과 비슷하지만 어떤 차이가 있는지 따라하면서 익힌다. 먼저 PCB Editor를 실행하여 아래 그림의 데이터시트를 참조하여 TR100_ECB 심벌을 만든다.

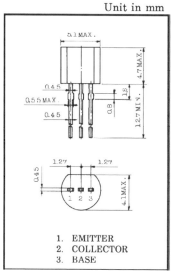

10.1 환경 설정

① 작업 창의 메뉴에서 File→New…를 선택하면 아래 그림과 같이 New Drawing 창이 나타나는데 Browse 버튼을 클릭한다. 경로를 D:\PROJECT01\allegro로 설정한다. (필자의 경우 Directory는 이미 만들어져 있고, 없을 경우는 위에서 다룬 내용을 참조하여 만들면 된다.)

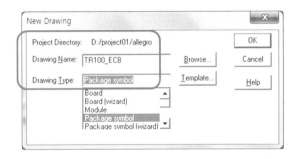

② 위의 설정이 되었으면 OK 버튼을 클릭한다.

③ 작업 창의 메뉴에서 Setup→Grids…를 선택하면 아래 그림과 같이 Define Grid 창이 나타나는데 Grids On의 Check Box를 On, Non-Etch 항목을 값을 x(25), y(25)으로 설정하고 OK 버튼을 클릭한다.

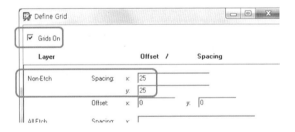

④ 작업 창의 메뉴에서 Setup→Design Parameters…를 선택하면 아래 그림과 같이 Design Parameter Editor 창이 나타나는데 Design Tab 등 설정값들을 확인, 필요시 설정한 후 OK 버튼을 클릭한다.

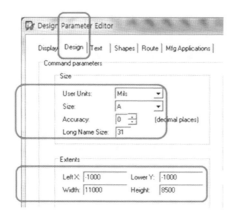

10.2 Pin 배치

① 아래 그림과 같이 작업 창의 메뉴에서 Layout→Pins…를 선택하거나 툴 팔레
트에서 Add Pin Icon을 클릭한다.

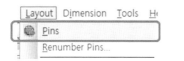 

② 아래 그림과 같이 작업 창의 오른쪽 Options Tab으로 이동하여 Padstack: 오
른쪽의 콤보 상자를 열어 Pas60cir38d를 선택한 후, 작업 창 아래쪽 창에서
Command〉 x 100 100을 입력하고 Enter Key를 친다.

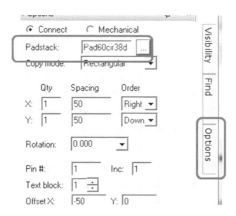

③ 다시 Options Tab으로 이동하여 아래 그림과 같이 설정한 후 작업 창 아래쪽 창에서 Command〉 x 200 100을 입력하고 Enter Key를 친 후 RMB→Done을 선택한다.

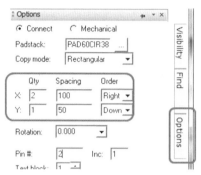

아래 그림의 데이터를 보면 부품의 리드의 최대 굵기가 0.55mm(≒22mil)이다.

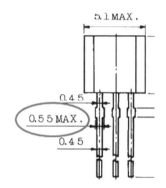

위에서 선택한 Padstack은 Pad60cir38d인데 이것은 가로와 세로의 길이가 각각 60mil이고 드릴크기가 38mil인 것을 나타낸다. 아래 그림에 데이터 시트에 나와 있는 리드 굵기와 위에서 선택한 Padstack과의 관계를 나타내었다.

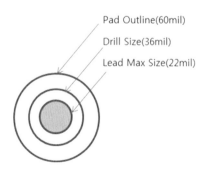

아래 데이터시트에서 리드 간격은 1.27mm(50mil)로 되어 있는데 Monostable_mv 회로에서는 데이터시트에 있는 수치를 그대로 적용한 것이고 이번에 작업하는 것은 리드 간격을 데이터시트의 리드 간격의 2배, 즉 2.54mm(100mil)로 변경하여 진행하는 것이 큰 차이점이다.

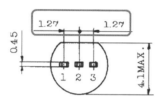

그렇게 하는 이유는 앞서 설명했듯이 여러 문제점들이 있기 때문이며, 실제로는 아래 그림과 같은 형태의 부품을 별도로 주문해서 양산 체제에 사용하고 있기 때문이기도 하다.

위에 사용된 트랜지스터는 C1815이고 리드 사이의 거리를 100mil로 변경하여 작업하였고 그럴 경우 Pad의 외형은 60mil 정도로 선정하고 부품의 리드 굵기 등을 참조하여 그 리드 굵기와 Pad의 외형과의 간격을 보고 설계자가 Drill Size를 결정하게 되면 아래 그림에 Padstack이 배치된 것을 보어 준다. 물론 트랜지스티의 경우 핀 배치가 ECB로 되어 있는지 아니면 EBC로 되어 있는지 등의 정보가 Capture 심벌과 함께 일치되게 만들어야 하므로 신중하게 진행하여야 할 것이다.

부품의 외형을 그리는 과정 등 나머지 과정은 생략하였지만, 이후 과정도 FND 심벌을 만드는 과정에 준하여 진행하면 되고, 다 만든 다음 저장 후 Footprint를 등록하여 사용하면 된다.

PART

11

병렬 4비트 가산기 회로 (양면 기판)

- ▶ 회로도
- ▶ 새로운 프로젝트 시작
- ▶ 환경 설정
- ▶ 회로도 작성
- ▶ PCB Footprint
- ▶ Annotate
- ▶ DRC(Design Rules Check)
- ▶ BOM(Bill of Materials)
- ▶ Netlist 생성

쉽게 배우는 PCB Artwork OrCAD Ver 16.6

병렬 4비트 가산기 회로
(양면 기판)

이번 장에서는 병렬 4비트 가산기 회로에 사용된 반가산기, 전가산기의 블록을 만들어 계층도면 작성이 어떻게 진행되는가를 알 수 있도록 구성하였다. 앞부분의 진행 과정에서는 설명과 그림으로 구성하였으나 이번 장에서는 중복되는 그림은 가급적 생략하고 설명으로만 구성하였다. 설명으로 이해가 되지 않는 부분은 앞부분의 그림 설명을 참조하여 진행하도록 한다.

11.1 회로도

이번에 따라하면서 진행할 회로도는 다음과 같이 3개로 되어 있으니 순서에 따라 진행하도록 한다.

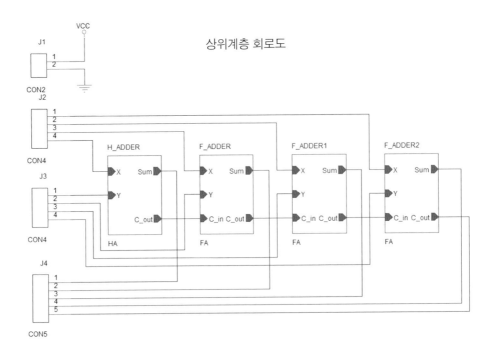

상위계층 회로도

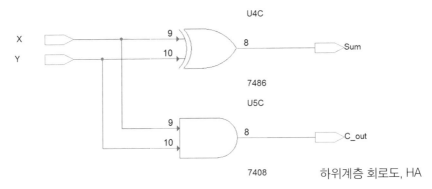

하위계층 회로도, HA

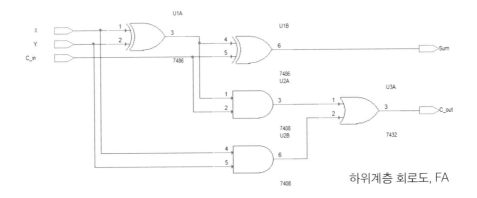

하위계층 회로도, FA

11.2 새로운 프로젝트 시작

① OrCAD Capture를 실행하여 초기 화면 상태로 들어간다.

② 작업 창의 메뉴에서 File→New→Project...를 선택한다.

③ New Project 창이 나타나면 Name란에 "p_4bit_adder"라고 입력하고, Create a New Project Using에서는 Schematic을 선택한다. New Project 창에 입력한 내용을 확인한 후 이상이 없으면 오른쪽 아랫부분의 Browse... 버튼을 클릭한다.

④ Select Directory 창이 나타나면 프로젝트가 저장될 드라이브를 정한 후 Create Dir... 버튼을 눌러 Create Directory 창이 나오면 Name란에 "p_4_adder"이라고 입력한 후 OK 버튼을 클릭한다.

⑤ Select Directory 창의 탐색기에 생성된 p_4_adder Directory를 확인한 다음 해당 Directory를 더블클릭하여 경로가 d:\p_4_adder로 된 것을 다시 확인한 후 OK 버튼을 클릭한다.

⑥ 아래 그림과 같이 처음의 New Project 창으로 오게 되는데 Location란에 위에서 지정한 경로 설정이 된 것을 확인한 후 이상이 없으면 OK 버튼을 클릭한다.

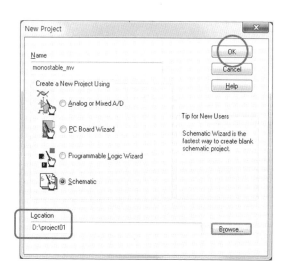

⑦ 회로도를 작성할 수 있는 기본 화면이 나타나는 것을 확인하고 PAGE1의 윗부분을 더블클릭하여 최대 크기로 한다.

11.3 환경 설정

① 작업 창의 메뉴에서 Options→Preference...를 선택한다.
② Preference 창이 나타나면 Grid Display Tab을 클릭한 후 Visible의 Check Box 를 On 한 후, Schematic Page Grid쪽의 Grid Style에서 Lines 항목을 선택한 다 음 확인 버튼을 클릭한다.
③ 편집 창의 Grid가 바둑판 모양으로 되어 있는 것을 확인한다.
④ 작업 창의 메뉴에서 Options→Schematic Page Properties...를 선택한다.
⑤ Schematic Page Properties 창의 Page Size Tab을 선택한 다음 Units는 Inches, New Page Size는 A로 선택한 후 확인 버튼을 클릭한다.

11.4 회로도 작성

회로도를 작성하기에 앞서 회로도에 사용될 Library를 추가해야 한다. 업체에서 제 공되는 Library를 그냥 사용하는 경우에는 한 번 추가해 놓으면 별도로 추가하지 않 아도 된다. 만약 프로그램을 처음 실행한 경우라면 앞부분에서 설명한 Library 추가 를 참고하여 진행한다.

11.4.1 상위 회로도 작성

① 아래 그림과 같이 작업 창의 메뉴에서 Place→Hierarchical Block...을 선택한다.

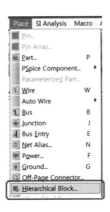

② 아래 그림과 같이 Place Hierachical Block 창이 나타나면 Reference에 F_ADDER, Implementation Type에 Schematic View, Implementation Name에 FA 를 입력한 후 OK 버튼을 클릭한다.

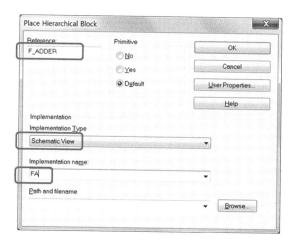

③ 작업 창의 중간 왼쪽 부분에 마우스 포인터를 위치한 후 클릭, 드래그하여 아래 그림처럼 사각형을 그린다.

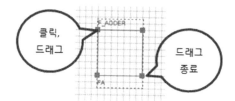

④ 작업 창의 메뉴에서 Place→Hierachical Pin...을 선택한다.

⑤ 아래 그림과 같이 Place Hierachical Pin 창이 나타나면 Name에 X, Type에 Input을 선택한 후 OK 버튼을 클릭한다.

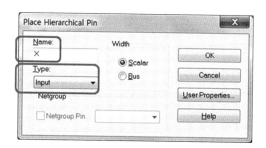

⑥ 아래 그림과 같이 작업 창에서 X를 클릭하여 배치한 후 Esc Key를 누른다.

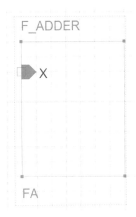

⑦ 다시 작업 창의 메뉴에서 Place→Hierachical Pin...을 선택한다.

⑧ Place Hierachical Pin 창이 나타나면 Name에 Y, Type에 Input을 선택한 후 OK 버튼을 클릭한다.

⑨ 아래 그림과 같이 작업 창에서 Y를 클릭하여 배치한 후 Esc Key를 누른다.

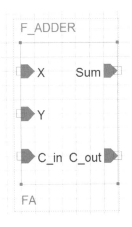

⑩ 나머지 Pin들도 위의 그림처럼 배치한다. (C_in은 Input, Sum과 C_out은 Outut 으로 지정한 후 배치한다.)

⑪ 블록 전체를 드래그하여 선택한 후 Ctrl+C(복사하기)를 한 후 Ctrl+V(붙여넣기) 를 2번 실행하여 다음 그림과 같이 배치한 후 Esc Key를 누른다.

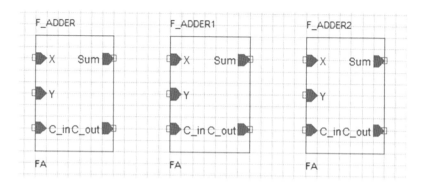

⑫ 위에서 F_ADDER를 만든 방법을 참고하여 아래 그림과 같이 H_ADDER를 만든다. H_ADDER는 입력이 2개(X,Y)이고 출력이 2개(Sum,C_out)이다.

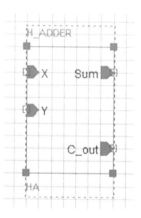

⑬ 작업 창에서 Place→Part...를 선택하여 회로도를 보고 con2, con4, con5를 배치한다.

⑭ 회로도를 보며 VCC, GND를 배치한다.

⑮ 다음 그림과 같이 배치한 후 배선 작업을 완료한다.

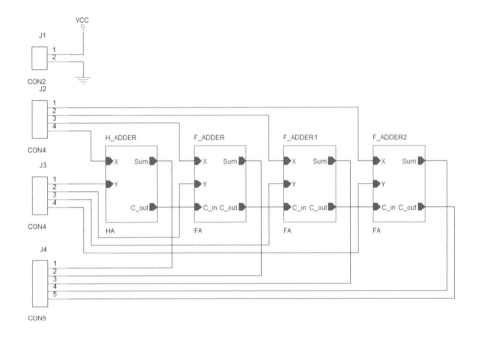

11.4.2 하위 회로도 작성(H_ADDER)

① 아래 그림과 같이 H_ADDER를 클릭하여 선택한 후 RMB→Descend Hierarchy
를 선택한다.

② 아래 그림과 같이 New Page in Schematic 'HA' 창이 나타나면 Name에 H_
ADDER라고 입력한 후 OK 버튼을 클릭한다.

③ 새로운 작업 창이 나타나면 작업 창의 메뉴에서 Place → Part...를 선택하여
7486과 7408을 배치한 후 아래 그림과 같이 회로도를 완성한다.

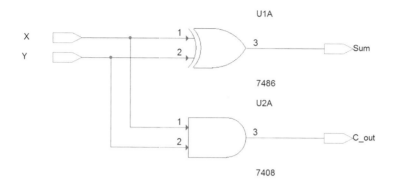

④ 아래 그림과 같이 작업 창에서 RMB → Ascend를 선택하여 상위 회로도로 이동
한다.

11.4.3 하위 회로도 작성(F_ADDER)

① 아래 그림과 같이 F_ADDER를 클릭하여 선택한 후 RMB → Descend Hierarchy
를 선택한다.

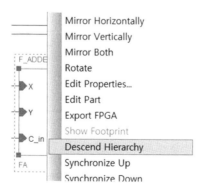

② 아래 그림과 같이 New Page in Schematic 'FA' 창이 나타나면 Name에 F_ADDER라고 입력한 후 OK 버튼을 클릭한다.

③ 새로운 작업 창이 나타나면 작업 창의 메뉴에서 Place → Part...를 선택하여 7486과 7408, 7432를 배치한 후 아래 그림과 같이 회로도를 완성한다.

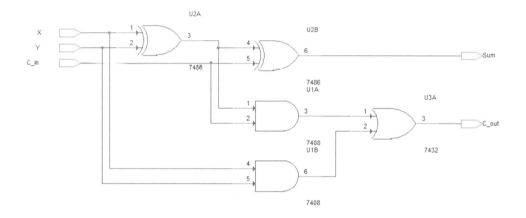

④ 아래 그림과 같이 작업 창에서 RMB → Ascend를 선택하여 상위 회로도로 이동한다.

⑤ 작업 창의 메뉴에서 File → Save를 한 후 회로도의 F_ADDER1을 클릭하여 선택한 후 RMB → RMB → Descend Hierarchy를 선택하여 하위 회로도로 이동하는지 확인한다.

⑥ RMB → Ascend를 선택하여 상위 회로도로 이동한다.

⑦ 회로도의 F_ADDER2를 클릭하여 선택한 후 RMB → RMB → Descend
Hierarchy를 선택하여 하위 회로도로 이동하는지 확인한다.

⑧ RMB→Ascend를 선택하여 상위 회로도로 이동한다.

11.5 PCB Footprint

아래 표를 참고하여 Footprint 값을 입력한다.

순번	Capture Parts	PCB Editor Parts(Footprint)
1	2핀 콘넥터(CON2)	JUMPER2
2	4핀 콘넥터(CON4)	JUMPER4
3	5핀 콘넥터(CON5)	JUMPER5
4	7408	DIP14_3
5	7432	DIP14_3
6	7486	DIP14_3

① 아래 그림과 같이 Project Manager 창을 선택한 후 p_4bit_adder.dsn 위에서
RMB→Edit Object Properties를 선택한다.

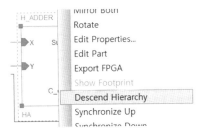

③ 다음 그림과 같이 Property Editor 창이 열리면 수평 스크롤 바를 오른쪽으로
움직여 PCB Footprint 항목이 보이게 한 후 각 부품에 맞게 값을 입력한 후 Tab
위에서 RMB→Close를 선택하여 창을 닫는다.

	U3A	DIP14_3	☐	DEFA	U3	C:\CADENCE\	...	74	7432	7432
	U3A	DIP14_3	☐	DEFA	U3	C:\CADENCE\	...	74	7432	7432
	U3B	DIP14_3	☐	DEFA	U3	C:\CADENCE\	...	74	7432	7432
	U3C	DIP14_3	☐	DEFA	U3	C:\CADENCE\	...	74	7432	7432
	U1A	DIP14_3	☐	DEFA	U1	C:\CADENCE\	...	74	7486	7486
	U4C	DIP14_3	☐	DEFA	U4	C:\CADENCE\	...	74	7486	7486
	U2A	DIP14_3	☐	DEFA	U2	C:\CADENCE\	...	74	7408	7408
	U5C	DIP14_3	☐	DEFA	U5	C:\CADENCE\	...	74	7408	7408
	F_ADDER			DEFA	F_					FA
	F_ADDER1			DEFA	F_					FA
	F_ADDER2			DEFA	F_					FA
	H_ADDER			DEFA	H_					HA
	J1	JUMPER2	☐	DEFA	J1	C:\CADENCE\	...	C	CON	CON2
	J1	JUMPER2	☐	DEFA	J1	C:\CADENCE\	...	C	CON	CON2
	J2	JUMPER4	☐	DEFA	J2	C:\CADENCE\	...	C	CON	CON4
	J2	JUMPER4	☐	DEFA	J2	C:\CADENCE\	...	C	CON	CON4
	J3	JUMPER4	☐	DEFA	J3	C:\CADENCE\	...	C	CON	CON4

④ 창을 닫을 때 Warning 창이 나타나면 그냥 Yes 버튼을 클릭하여 Project Manager 창으로 이동한 후 File→Save 하여 저장한다.

11.6 Annotate

회로도에 사용된 IC들의 일련번호를 부여하기 위하여 편집 창 PAGE1을 선택한 후 아래 그림과 같이 Project Manager 창을 클릭한다.

① 작업 창의 메뉴에서 Tools→Annotate…를 선택한다.
② 다음 그림과 같이 Annotate 창이 나타나면 Packaging Tab을 선택한 다음 Action 항목들 중 Reset part reference to "?"을 선택하고 확인 버튼을 클릭한다.

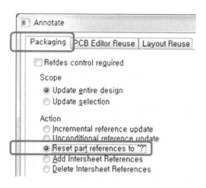

③ 위에서 확인 버튼을 클릭하면 경고 창이 나타나는데 그냥 Yes 버튼을 클릭한다.

④ 위에서 Yes 버튼을 클릭하면 작업을 진행하고 저장한다는 창이 나타나는데 여기서도 그냥 확인 버튼을 클릭한다.

⑤ PAGE1 Tab을 클릭하여 회로도를 확인하여 보면 아래 그림과 같이 부품번호가 모두 "?"로 바뀌어 있다는 것을 볼 수 있다.

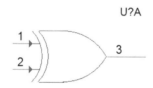

⑥ 다시 Project Manager 창을 클릭한 다음 Annotate 명령을 실행하여 아래 그림과 같이 Annotate 창에서 Packaging Tab을 선택한 다음 Action 항목들 중 Incremental reference update를 선택하고 확인 버튼을 클릭한다.

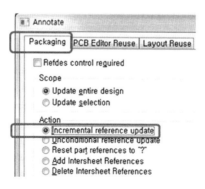

⑦ 경고 창과 정보 창이 나오면 Yes 버튼과 확인 버튼을 각각 클릭한다.

⑧ 회로도를 확인하여 보면 아래 그림과 같이 부품번호가 모두 부여된 것을 볼 수
있다.

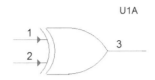

11.7 DRC(Design Rules Check)

① Project Manager 창으로 이동하여 PAGE1을 클릭한 후 작업 창의 메뉴에서
Tools→Design Rules Check…를 선택한다.

② Undo 경고 창이 나타나는 경우 그냥 Yes 버튼을 클릭한다.

③ Design Rules Check 창이 나타나면 아래 그림과 같이 설정한 후 OK 버튼을 클
릭한다.

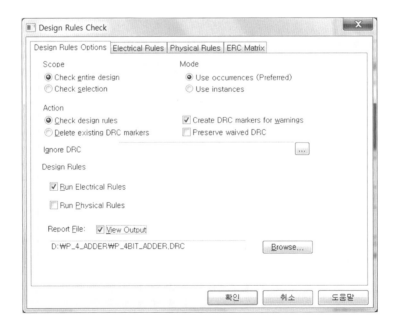

④ DRC 수행에서 아무 문제가 없으면 메모장이 나타나게 된다. 확인 후 창을 닫는다.

11.8 BOM(Bill of Materials)

① Project Manager 창으로 이동하여 PAGE1을 클릭한 후 작업 창의 메뉴에서 Tools→Bill of Materials...를 선택한다.

② Bill of Materials 창이 나타나면 아래 그림과 같이 창 아래쪽 Report File: View Output 란의 Check Box를 클릭한 후 File의 저장 경로를 확인한 다음 OK 버튼을 클릭한다.

③ 질의 창이 나오는 경우 그냥 예(Y) 버튼을 클릭한다.

④ Project Manager 창으로 이동하여 해당 파일을 찾아 더블클릭하면 아래 그림과 같이 회로도에 사용된 부품들의 리스트 등이 표시되는 것을 확인할 수 있다.

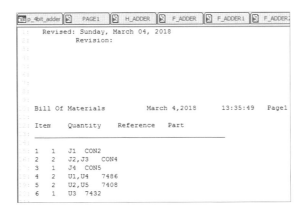

11.9 Netlist 생성

① Project Manager 창으로 이동하여 PAGE1을 클릭한 후 작업 창의 메뉴에서 Tools→Create Netlist...를 선택한다.

② Create Netlist 창이 나타나면 PCB Editor Tab이 활성화된 상태에서 아래 그림과 같이 설정한 후 Output Board File이 저장되는 경로를 확인한 다음 확인 버튼을 누른다.

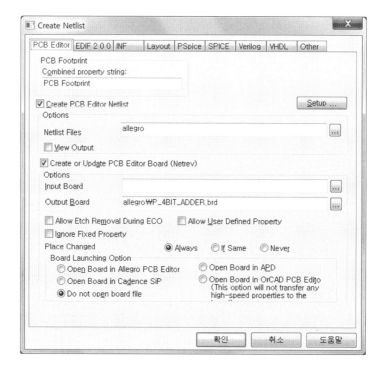

③ Directory 생성 여부를 묻는 창이 나타나면 예(Y) 버튼을 클릭한다.

④ 잠시 Netlistion the design이 진행되고 이상이 없으면 정상적으로 작업이 완료된다.

⑤ 작업 창의 메뉴에서 File→Save 하여 저장한 후 프로그램을 종료한다.

PART

12

쉽게 배우는 PCB Artwork OrCAD Ver 16.6

PCB 설계

PCB 설계

이번 장에서는 PCB Editor를 실행한 후 11장에서 추출한 파일을 불러들여 학습자가 직접 보드 설계를 할 수 있도록 구성하였다. 보드 설계에 따른 진행 과정만 기술하였으므로 세부적인 사항은 학습자 스스로 정하여 보드 설계를 할 수 있는 능력을 배양하기 바라며, 진행하면서 부족한 사항은 위에서 설명한 내용을 토대로 해 나가기 바란다.

12.1 PCB Editor 기동 및 파일 불러오기

① PCB Editor를 기동한 후 File→Open...을 선택하여 File이 저장된 경로를 찾아 열기 버튼을 누른다. (D:\p_4_adder\allegro\p_4bit_adder.brd)

② 작업 창의 메뉴에서 Place →Manually...를 선택하여 아래 그림과 같이 필요한 부품들이 나타나는지 확인한 후 OK 버튼을 누른다.

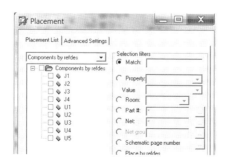

12.2 환경 설정

12.2.1 단위 및 도면 크기 설정

① 작업 창의 메뉴에서 Setup→Design Parameters...를 선택한다.

② Design Parameter Editor 창이 나타나면 Design Tab으로 이동하여 User Units:, Size, Accuracy 등을 설정하고 Extents 항목의 Left X:와 Lower Y:도 적당한 값을 입력한 OK 버튼을 클릭한다.

12.2.2 Layer 설정

① 작업 창의 메뉴에서 Setup→Cross-section...을 선택한다.

② Layout Cross Section 창이 나타나면 Default 값으로 양면기판 설계를 할 수 있게 설정되어 있는 것을 확인한 다음 OK 버튼을 클릭한다.

12.2.3 Grid 설정

① 작업 창의 메뉴에서 Setup→Grids...를 선택한다.

② Define Grid 창이 나오면 Default 값을 확인한 후 OK 버튼을 클릭한다. 필요시 Grids On Check Box를 On 또는 Off 하여 작업하면 된다.

12.2.4 Color 설정

① 작업 창의 메뉴에서 Display→Color/Visibility...를 선택한다.

② Color Dialog 창이 나타나면 창의 오른쪽 윗부분에 있는 Global Visibility: 항목에서 Off 버튼을 클릭한다.

③ 모든 Class들에 대해 보이지 않게 할 것인지를 확인하는 창이 나타나면 그냥 예 (Y) 버튼을 클릭한다.

④ Areas\Board Geometry 항목을 선택한 다음 필요한 Subclass들을 찾아 색상을 지정한 후 Apply 버튼을 클릭한다.

⑤ Stack-Up 항목을 선택한 다음 필요한 Subclass들을 지정하고 Apply 버튼을 클릭한다.

⑥ Areas\Package Geometry 항목을 선택한 다음 필요한 Subclass들을 찾아 색상을 지정한 후 Apply 버튼을 클릭한다.

⑦ Components 항목을 선택한 다음 필요한 Subclass들을 찾아 색상을 지정한 후 Apply 버튼을 클릭한다.

⑧ 다른 지정할 사항이 없으면 OK 버튼을 클릭한다.

12.3 Board Outline 그리기 및 부품 배치

12.3.1 Board Outline 그리기

① 작업 창의 메뉴에서 Setup→Outline→Board Outline…을 선택한다.

② Board Outline 창이 나타나면 Command Operations에는 Create를 선택, Board Edge Clearance:는 40MIL, Create Options에는 Draw Rectangle을 선택하고 다음 순서를 진행한다.

③ 위의 Board Outline 창이 열려 있는 상태에서 Command〉란을 이용하여 Board Outline을 그린다. (Board Size 가로 3000mil, 세로 2000mil)

④ 작업 창에 Board Outline이 생성된 것을 확인하고 Close 버튼을 클릭한다.

12.3.2 기구 홀 추가

① 작업 창의 메뉴에서 Place→Manually…를 선택한다.

② Placement 창이 나타나면 필요한 옵션을 지정한 다음 기구 홀을 배치한다.

12.3.3 부품 배치(Quickplace)

부품 배치는 Quickplace와 Manually의 두 방법 중에서 학습자가 선택하여 사용하도록 한다.

12.4 Net 속성 부여

① 작업 창의 메뉴에서 Setup→Constraints→Physical…을 선택한다.

② Physical Constrain Set\All Layers를 선택한 후 필요한 Line Width를 입력한다.

③ Net\All Layers를 선택한 후 필요한 GND, VCC의 Line Width를 입력한다.

④ Spacing Constrain Set\All Layers를 선택한 후 필요한 값을 입력한 후 Enter Key를 누르고 창을 닫는다.

⑤ 작업 창의 메뉴에서 Display→Assign Color…를 선택한다.

⑥ 화면 우측에 있는 Options Tab과 Find Tab을 사용하여 VCC와 GND Net의 색상을 각각 지정한다.

⑦ 작업 창에서 VCC와 GND Net에 지정된 색상을 확인한다.

12.5 Route

① 작업 창의 메뉴에서 Route→Connect…를 선택한다.

② 작업 창 오른쪽 Options Tab을 이용하여 필요한 옵션을 설정한다.

③ 전원선(VCC,GND)을 먼저 배선하고 나머지 신호선들을 배선한다.

12.6 부품 참조번호(RefDes) 크기 조정 및 이동

① 작업 창의 메뉴에서 Edit→Change를 선택한다.

② 작업 창 오른쪽의 Options Tab을 이용하여 필요한 옵션을 설정한다.

③ 작업 창 오른쪽의 Find Tab을 이용하여 필요한 옵션을 설정한다.

④ 작업 창에서 영역을 지정한다.

⑤ 필요시 Move 명령을 실행하여 작업한다.

12.7 Shape 생성

여기서는 GND Net에 Shape 생성을 하는 것으로 진행한다.

① 작업 창의 메뉴에서 Shape→Rectangular를 선택한다.

② 작업 창 오른쪽의 Options Tab을 이용하여 필요한 옵션을 설정한다.

③ 작업 창에서 영역을 지정한다.

④ 작업 창에서 Shape 생성을 확인한다.

12.8 DRC(Design Rules Check)

① 작업 창의 메뉴에서 Display→Status...를 선택한다.

② Status 창이 나타나면 필요한 사항을 진행하고 DRC를 실행하여 결과를 확인
한다.

12.9 Gerber Data 생성

12.9.1 Drill Legend 생성

① 작업 창의 메뉴에서 Manufacture→NC→Drill Customization…을 선택한다.

② Drill Customization 창이 나타나면 필요한 작업을 한다.

③ 작업을 진행하겠느냐는 메시지 창이 나오면 예(Y) 버튼을 클릭한다.

④ Update 여부를 묻는 메시지가 나오게 되는데 예(Y) 버튼을 클릭한다.

⑤ 작업 창의 메뉴에서 Manufacture→NC→Drill Legend…를 선택한다.

⑥ Drill Legend 창이 나타나면 File명과 Output unit를 확인하고 이상이 없으면 OK 버튼을 클릭한다.

⑦ 위의 순서가 진행되면 마우스에 하얀 사각형이 붙어 나오는데 적당한 위치에 배치한다.

12.9.2 NC Drill 생성

① 작업 창의 메뉴에서 Manufacture→NC→NC Parameter…를 선택한다.

② Drill Parameters 창이 나타나면 필요한 옵션을 설정하고 Close 버튼을 클릭한다.

③ 작업 창의 메뉴에서 Manufacture→NC→NC Drill…을 선택한다.

④ NC Drill 창이 나타나면 File명을 확인하고 필요한 항목들을 설정한 후 Drill 버튼을 클릭한다.

⑤ NC Drill Data 생성 과정이 마무리되면 Close 버튼을 클릭한다.

12.9.3 Gerber 환경 설정

① 작업 창의 메뉴에서 Manufacture→Artwork…를 선택한다.

위의 명령이 수행되면 Artwork Control Form 창이 나타나며 Shape Parameter 가 일치되지 않는다는 메시지가 나오는데 그냥 확인 버튼을 클릭한다.

② Artwork Control Form 창에서 필요한 옵션들을 설정하고 OK 버튼을 클릭한다.

12.9.4 Shape의 Gerber Format 변경 및 Aperture 설정

① 작업 창의 메뉴에서 Shape→Global Dynamic Params..를 선택한다.

② Global Dynamic Parameters 창이 나타나면 필요한 옵션을 설정하고 OK 버튼을 클릭한다.

③ 작업 창의 메뉴에서 Manufacture→Artwork...를 선택하여 Aperture 설정을 한다.

④ 위의 명령이 수행된 후 정보들이 나오는 것을 확인하고 OK 버튼을 클릭한다.

⑤ 나머지 창들도 OK 버튼을 클릭하여 닫는다.

12.9.5 Top/Bottom Film Data 생성

① 툴 팔레트에서 Artwork Icon을 클릭한다.

② Artwork Control Form 창에서 필요한 옵션을 설정한 후 OK 버튼을 클릭한다.

12.9.6 Silkscreen_Top Film Data 생성

① 툴 팔레트에서 Color192(Ctrl+F5) Icon을 클릭한다.

② Color Dialog 창이 나타나면 필요한 사항을 진행한다.

③ Board Geometry를 선택한 후 필요한 Subclass에 대하여 필요한 옵션을 지정한다.

④ Package Geometry를 선택한 후 필요한 Subclass에 대하여 필요한 옵션을 지정한다.

⑤ Components를 선택한 후 필요한 Subclass에 대하여 필요한 옵션을 지정한다.

⑥ Apply 버튼과 OK 버튼을 차례로 클릭하여 진행한 내용이 작업 창에 나타나는
지를 확인한 후 다음 순서로 넘어간다.

⑦ 툴 팔레트에서 Artwork Icon을 클릭한다.

⑧ Artwork Control Form 창에서 필요한 작업을 한다.

12.9.7 Soldermask_Top Film Data 생성

① 툴 팔레트에서 Color192(Ctrl+F5) Icon을 클릭한다.

② Color Dialog 창이 나타나면 필요한 사항을 진행한다.

③ 수행 명령에 대해 확인하는 메시지가 나오면 예(Y) 버튼을 클릭한다.

④ Board Geometry를 선택한 후 필요한 Subclass에 대하여 필요한 옵션을 지정
한다.

⑤ Stack-Up을 선택한 후 필요한 Subclass에 대하여 필요한 옵션을 지정한다.

⑥ Apply 버튼과 OK 버튼을 차례로 클릭하여 진행한 내용이 작업 창에 나타나는
지를 확인한 후 다음 순서로 넘어간다.

⑦ 툴 팔레트에서 Artwork Icon을 클릭한다.

⑧ Artwork Control Form 창에서 필요한 작업을 한다.

12.9.8 Soldermask_Bottom Film Data 생성

① 툴 팔레트에서 Color192(Ctrl+F5) Icon을 클릭한다.

② Color Dialog 창이 나타나면 필요한 사항을 진행한다.

③ 수행 명령에 대해 확인하는 메시지가 나오면 예(Y) 버튼을 클릭한다.

④ Board Geometry를 선택한 후 필요한 Subclass에 대하여 필요한 옵션을 지정
한다.

⑤ Stack-Up을 선택한 후 필요한 Subclass에 대하여 필요한 옵션을 지정한다.

⑥ Apply 버튼과 OK 버튼을 차례로 클릭하여 진행한 내용이 작업 창에 나타나는지를 확인한 후 다음 순서로 넘어간다.

⑦ 툴 팔레트에서 Artwork Icon을 클릭한다.

⑧ Artwork Control Form 창에서 필요한 작업을 한다.

12.9.9 Drill Draw Film Data 생성

① 툴 팔레트에서 Color192(Ctrl+F5) Icon을 클릭한다.

② Color Dialog 창이 나타나면 필요한 사항을 진행한다.

③ 수행 명령에 대해 확인하는 메시지가 나오면 예(Y) 버튼을 클릭한다.

④ Board Geometry를 선택한 후 필요한 Subclass에 대하여 필요한 옵션을 지정한다.

⑤ Manufacturing을 선택한 후 필요한 Subclass에 대하여 필요한 옵션을 지정한다.

⑥ Apply 버튼과 OK 버튼을 차례로 클릭하여 진행한 내용이 작업 창에 나타나는지를 확인한 후 다음 순서로 넘어간다.

⑦ 툴 팔레트에서 Artwork Icon을 클릭한다.

⑧ Artwork Control Form 창에서 필요한 작업을 한다.

12.9.10 Gerber Film 추출

① 툴 팔레트에서 Artwork Icon을 클릭한다.

② Artwork Control Form 창에서 필요한 작업을 진행한다.

③ 모든 작업이 정상적으로 완료되면 OK 버튼을 클릭하여 Artwork Control Form 창을 닫고 작업 창에서 File→Save 후 File→Exit를 선택하여 종료한다.

④ 생성된 파일들은 확인한다.

부록

▶ 회로의 동작 설명

 (TR형 비안정 멀티바이브레이터 회로)

▶ 회로의 동작 설명(99진 계수기 회로)

▶ Data Sheet 및 부품 Site

회로의 동작 설명
(TR형 비안정 멀티바이브레이터 회로)

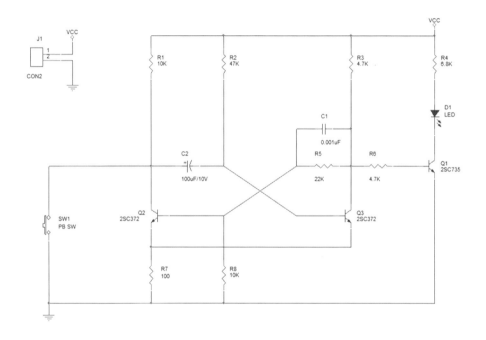

1.1 전원회로

다음 그림은 2Pin 콘넥터를 사용하여 외부로부터 직류전원(+5V)를 공급받기 위하여 사용되었다.

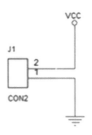

1.2 TR형 비안정 멀티바이브레이터 회로

① 회로에 직류 전원이 인가되면 트랜지스터 Q3가 저항 R2를 통해 전류가 흐르게
  되어 도통한다.

② Q3의 도통으로 Q3의 콜렉터 전압이 상대적으로 낮아지게 되고 트랜지스터
  Q2는 도통하기 어려운 상태가 된다. 또한, Q2가 도통되는 것을 보완히기 위하
  여 R5와 R8을 이용하여 Q3의 콜렉터 전압을 절반 이하로 분압 시켜 Q2의 베
  이스로 들어가도록 하고 있다.

③ Q3의 도통으로 VCC → R1→ C2 → Q3 → R7로 전류가 흘러 C2가 충전된다.

④ C2의 충전으로 Q3의 콜렉터 전압이 낮아지고, 결국 Q1이 도통되지 못하게 되
  어 LED는 꺼져 있게 된다.

⑤ SW1을 누르면 C2에 충전되었던 전압이 R7을 통하여 Q3에 역전압을 인가되어
  Q3가 도통을 못 하게 되어, Q3의 콜렉터 전압이 올라가 Q1이 도통되고 LED가
  켜진다.

⑥ Q1의 도통과 함께 C2의 역전압이 방전을 시작한다.

⑦ C2의 전압이 충분히 방전되면 다시 R2를 통해 Q3가 도통되며 LED가 꺼진다.

⑧ 결국 LED가 켜져 있는 시간, $T = 0.639 \cdot R2 \cdot C2$[Sec]이므로 저항과 콘덴서의
  값을 조절하여 LED가 켜져 있는 시간을 제어할 수 있다.

$T = 0.639*47*10^3*100*10^{-6}$

$≒ 3.26$[Sec]

회로의 동작 설명(99진 계수기 회로)

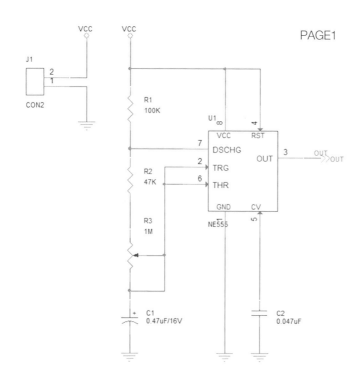

PAGE1

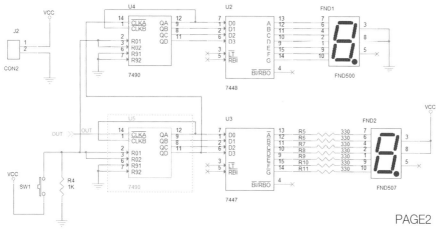

PAGE2

2.1 회로의 동작 설명(PAGE1)

2.1.1 전원회로

아래 그림은 2Pin 콘넥터를 사용하여 외부로부터 직류전원(+5V)를 공급받기 위하여 사용되었다.

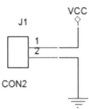

2.1.2 NE555 비안정 멀티바이브레이터 회로

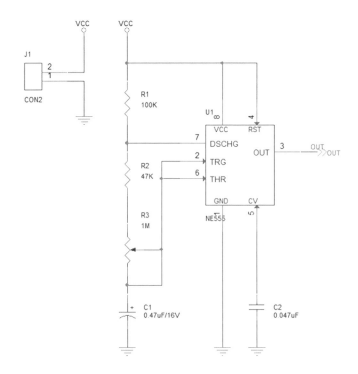

① 전원이 공급되면 NE555의 3번 핀 출력은 Low(초기 상태)이고, 콘덴서 C1이 저항 R1, R2와 가변저항 R3를 거쳐 충전되기 시작한다.

② 콘덴서 C1의 충전 전압이 공급 전압(Vcc)의 $\frac{1}{3}$Vcc를 지나 $\frac{2}{3}$Vcc로 되면 NE555의 3번 핀 출력은 High 상태로 되고, 콘덴서 C1은 저항 R2와 가변저항 R3를 거쳐 방전되기 시작한다.

③ 콘덴서 C1이 $\frac{1}{3}$Vcc까지 방전되면 NE555의 3번 핀 출력은 다시 Low 상태로 되고, 다시 저항 R1, R2와 가변저항 R3를 거쳐 충전되기 시작한다.

④ 이와 같이 충전, 방전을 되풀이하게 되어 NE555의 3번 핀 출력은 L/H/L/H…가 반복되어 나오게 된다.

발진 주기 T = T1 + T2 [Sec]이며

T1max ≒ 0.693 · C · (RA + RB), [RA : R1, RB : R2 +R3], [C : C1]

= 0.693 * 0.47*10-6 * (100*103 + (1*106 +47*103))

≒ 0.374 [Sec]

T1min ≒ 0.693 · C · (RA + RB)

= 0.693 * 0.47*10-6 * (100*103 + 47*103)

≒ 0.049[Sec]

T2max ≒ 0.693 · C · RB 이므로

= 0.693 * 0.47*10-6 * (1*106 +47*103)

≒ 0.341 [Sec]

T2min ≒ 0.693 · C · RB 이므로

= 0.693 * 0.47*10-6 * 47*103

≒ 0.015 [Sec]

∴ Tmax = T1 + T2 [Sec]

= 0.374 + 0.341

= 0.715 [Sec]

Tmin = T1 + T2 [Sec]

= 0.049 + 0.015

= 0.064 [Sec]

주파수 f = 1/T [Hz]이므로

    fmax = 1/0.064

         ≒ 15.6 [Hz]

    fmin = 1/0.715

         ≒ 1.4 [Hz]

즉 NE555의 3번 핀 출력은 아래 그림과 같다.

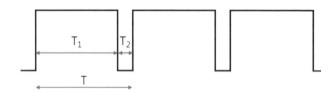

⑤ NE555의 5번 핀에 연결된 콘덴서 C2는 그 핀에 별다른 외부 연결이 없을 경우
IC 내로 불필요한 잡음 신호가 유입되는 것을 방지하고 IC 내부 동작에 안정을
주기 위한 By-Pass 콘덴서의 기능을 한다.

⑥ NE555의 3번 핀은 PAGE2의 U5의 14번 입력 핀과 연결된다.

2.2 회로의 동작 설명(PAGE2)

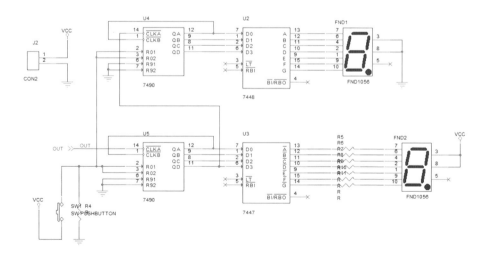

2.2.1 전원회로

아래 그림은 2Pin 콘넥터를 사용하여 외부로부터 직류전원(+5V)를 공급받기 위하여 사용되었다.

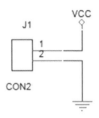

2.2.2 10진 카운터 회로, FND 구동회로

① IC 7490(U5)은 Decade Counter로 내부에 2진 카운터와 5진 카운터로 구성되어 있다. 전원 핀은 Vcc(5), Gnd(10)이며, NC 핀은 4, 13번 핀이다. 2진 카운터의 출력인 12번 핀(QA)을 5진 카운터의 입력인 1번 핀(Input B)에 연결하면 10진 카운터로 동작한다. 나머지 핀들은 정상적인 카운터 동작을 위해 Gnd에 연결한다.

Connection Diagram

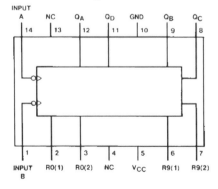

Reset/Count Truth Table

Reset Inputs				Output			
R0(1)	R0(2)	R9(1)	R9(2)	Q_D	Q_C	Q_B	Q_A
H	H	L	X	L	L	L	L
H	H	X	L	L	L	L	L
X	X	H	H	H	L	L	H
X	L	X	L	COUNT			
L	X	L	X	COUNT			
L	X	X	L	COUNT			
X	L	L	X	COUNT			

② NE555의 출력이 U5 내의 2진 카운터 입력인 14핀으로 펄스 신호가 들어오면 U5의 출력 핀인 12,9,8,11핀을 통하여 0000부터 1001까지 출력된다.

③ U5의 출력이 U3의 입력으로 연결되면 U3에서 2진 데이터를 받아 7-Segment (FND)를 구동할 수 있는 신호로 변환해 주고 FND2에는 0부터 9까지 표시된다.

④ U3의 출력이 1001이 되면, 즉 11번 핀이 1이 되면 U4의 14번 핀과 연결되어 있으므로 U2도 0000 상태에서 0001상태로 되며 FND1에 1이 나타난다.

⑤ U5는 다시 0부터 9까지 진행되고, U2는 U5의 11번 핀이 1이 되면 0010 상태가 되어 FND1에 2가 나타난다.

⑥ 위의 과정이 반복되면서 FND1가 9가 되면 전체적으로 99를 표시하게 되고 다시 00부터 카운트가 되는 것이다.

⑦ 아래 그림의 회로는 평상시에는 U5, U4의 2, 3번핀에 Gnd(L)로 연결되어 정상적인 카운트 동작을 지원하지만 SW1을 누르게 되면 U5, U4의 2, 3번핀에 Vcc(H) 신호가 인가되어 Truth Table에 나타나 있듯이 출력을 모두 L로 하는 Reset 동작을 하는 회로이다.

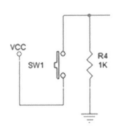

Data Sheet 및 부품 Site

- www.alldatasheet.co.kr
- www.datasheetlocator.com/ko
- www.ic114.com
- www.eleparts.co.kr

- www.datasheet4u.net
- www.devicemart.co.kr
- www.partsworld.co.kr

쉽게 배우는
PCB Artwork OrCAD Ver 16.6

| 2018년 | 2월 | 22일 | 1판 | 1쇄 | 인 쇄 |
| 2018년 | 2월 | 28일 | 1판 | 1쇄 | 발 행 |

지 은 이 : 홍춘선

펴 낸 이 : 박정태

펴 낸 곳 : **광 문 각**

10881
경기도 파주시 파주출판문화도시 광인사길 161
광문각 B/D 4층
등   록 : 1991. 5. 31 제12 - 484호
전 화(代) : 031-955-8787
팩   스 : 031-955-3730
E - mail : kwangmk7@hanmail.net
홈페이지 : www.kwangmoonkag.co.kr

ISBN : 978-89-7093-889-9   93560

값 : 21,000원

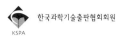
한국과학기술출판협회회원